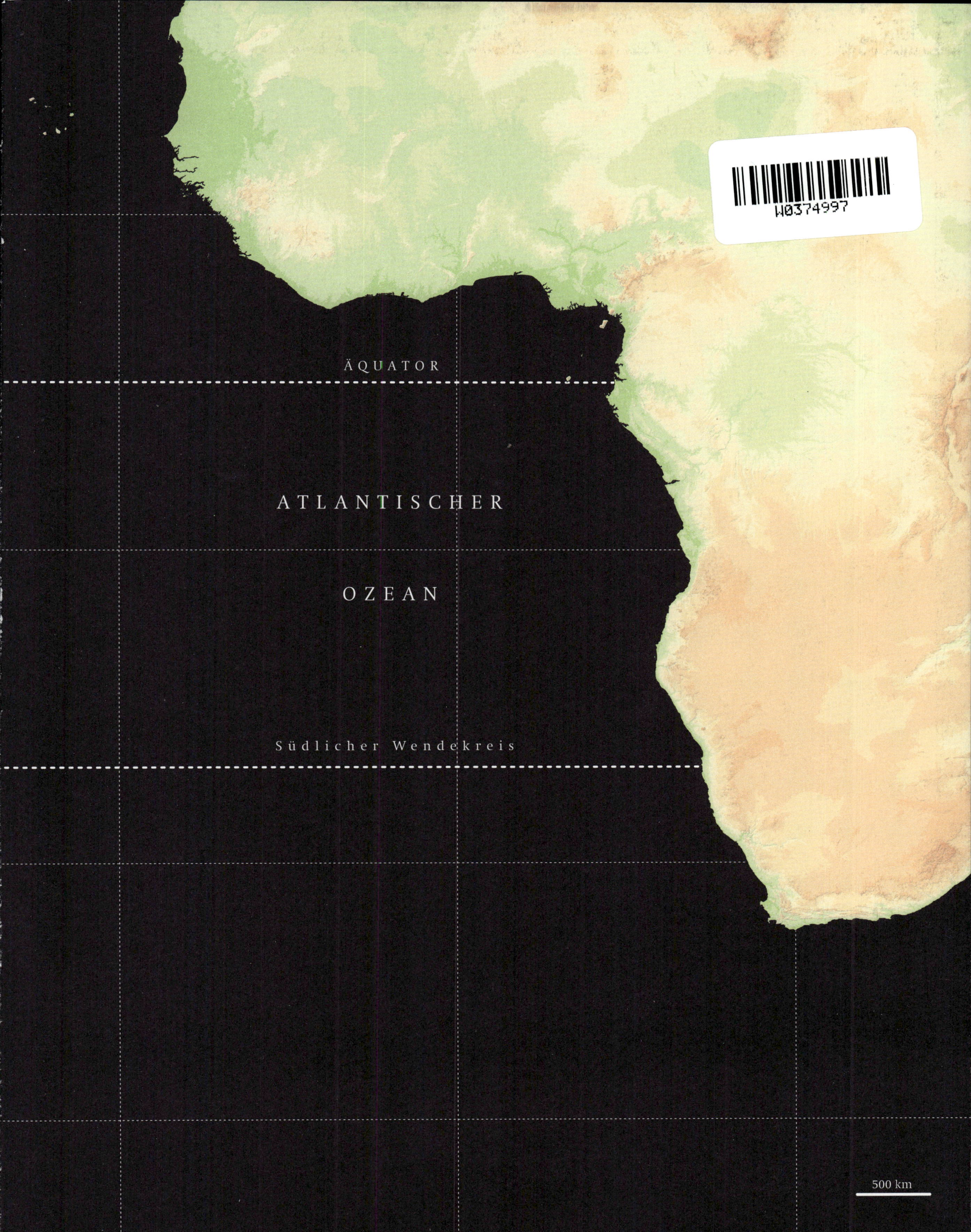
ÄQUATOR
ATLANTISCHER
OZEAN
Südlicher Wendekreis
500 km

A
MA
ZO
NIA

Titel der Originalausgabe: *Amazonia*

Erschienen bei Éditions de La Martinière SA, Paris 2013

Lithographie: articrom

Deutsche Erstausgabe

Ein Unternehmen der La Martinière Groupe

Umschlaggestaltung: Fabian Arnet, Knesebeck Verlag

Lektorat: Werner Wahls, VerlagsService Dr. Ulrich Mihr, Tübingen

Satz und Herstellung: VerlagsService Dr. Helmut Neuberger & Karl Schaumann GmbH, Heimstetten

Druck: Imprimerie Pollina - L65659

Printed in France

ISBN 978-3-86873-662-5

www.knesebeck-verlag.de

A
MA
Z O
N I A

TEXT
THIERRY PIANTANIDA

FOTOS
ARAQUÉM ALCÂNTARA

AUS DEM FRANZÖSISCHEN VON
WERNER DAMSON

KNESEBECK

I ÖKOSYSTEME

II BEVÖLKERUNG

III NOTMASSNAHMEN

DAS MAKING OF

WILDES AMAZONIEN

Der tropische Regenwald verkörpert für uns die »wilde« Natur, aber auch jenes Paradies, dessen Verlust wir nie verschmerzt haben. Ihn gibt es tief in unserem Unbewussten, dort, wo unsere Ängste und unsere Wünsche ihren Ursprung haben. Müssen wir uns daher wundern, wenn wir ihn gleichzeitig nutzbar machen und doch unversehrt bewahren wollen? Amazonien ist der Inbegriff des Regenwaldes. Die »grüne Hölle«, wie er bis in jüngste Zeit hinein genannt wurde, löste Angst aus, wenn von kriegerischen Amazonen, von menschenfressenden Eingeborenen, Riesenschlangen und giftigen Spinnen, von Raubtieren wie dem Jaguar und dem Kaiman die Rede war, die alle in dieser üppigen und stickigen Pflanzenwelt im Hinterhalt lauerten.

Heute ist diese Angst einer gespannten Erwartung gewichen: Wir betreten den weltweit bedeutendsten Raum der Biodiversität; wir entdecken, wie die Erde ohne den Menschen aussah, und wir begegnen einheimischen Stämmen, die exemplarisch Harmonie mit der Natur vorleben. Die Begeisterung ist nicht ganz ungetrübt, denn der Regenwald ist Opfer brutaler Eingriffe durch Entwaldung, Brandrodung, Landwirtschaft, Viehzucht, Tagebau, Ölbohrungen, Straßen und Staudämme. Amazonien ist ein Spiegelbild aller Schäden, die wir Menschen der Erde zufügen. Wir gehen ein großes Risiko ein, wenn wir diese Matrix irdischen Lebens zerstören, denn die Gewalt gegen die Natur richtet sich letztlich gegen uns selbst.

Zum Glück zeigt uns der Fotograf Araquém Alcântara ein freundlicheres Bild des Regenwaldes, mit dem er sich seit 40 Jahren beschäftigt. Zwar dokumentiert er ohne Abstriche die Verwüstung des Waldes, aber seine Bilder – Zo'e-Indios auf der Jagd, ein Fischer, der den größten Fisch des Amazonas, den Pirarucu, erlegt, akrobatische Affen, ein Jaguar beim Sprung und Kinder in einer Piroge auf überschwemmtem Land –, sie vermitteln eindrucksvoll die Überzeugung, dass es immer Hoffnung gibt.

Wie kann man dieses gewaltige Naturmonument verfilmen? Der Film *Amazonien* hat sich für das räumliche Sehen entschieden, damit wir gleichsam in das Meer von Grün des urzeitlichen Waldes eintauchen. Das war ein Wagnis, denn zum ersten Mal wurde ein Spielfilm in 3D ausschließlich in Amazonien gedreht. Die abenteuerlichen Geschichten eines gezähmten kleinen Affen zu erleben, der in einer gigantischen Vegetation sich selbst überlassen ist, das war selbst schon ein denkwürdiges Abenteuer.

Der Kapuzineraffe überlebt wie der Kleine Däumling dank seiner Schlauheit, seines Mutes und seiner Bereitschaft, den Regenwald zu »lernen«. Von den Botanikern wissen wir, dass die Bäume über ihre Wurzeln miteinander in Verbindung stehen. Könnte es nicht sein, dass Bäume, Tiere und Menschen auch solche eng verflochtenen gemeinsamen Wurzeln haben?

Ö
KO
SYS
TEME

DIE MUTTER ALLER WÄLDER

Der Regenwald von Amazonien ist ein mythischer Wald. Die »grüne Hölle«, wie er bis in jüngste Zeit hinein genannt wurde, löst mit ihren Gefahren immer noch Herzklopfen aus, doch heute weicht die Angst einer gespannten Erwartung, geht es doch um den Zutritt zum weltweit bedeutendsten Raum der Biodiversität. Amazonien ist mit seinem Regenwald etwas Unvergleichliches. Für die Menschheit stellt dieser Wald einen unschätzbaren Wert dar. Folgende Zahlen können es belegen: In dem nach der russischen Taiga zweitgrößten Wald der Welt (5,5 Millionen Quadratkilometer, halb so groß wie Europa) leben auf zwei Prozent des Festlands 13 Prozent aller Arten der Erde.

Die Artenvielfalt des Regenwaldes ist in der Tat außergewöhnlich: Schätzungsweise 2,5 Millionen Insektenarten, 40 000 Pflanzenarten, 1294 Vogelarten (mehr als die Hälfte aller lebenden Arten), 3000 Fischarten, 427 Säugetierarten und 378 Reptilienarten wurden bis jetzt identifiziert. Und fast täglich werden neue entdeckt. In Peru gibt es auf einem fünf Hektar großen Waldgebiet 365 Ameisenarten, in ganz Europa sind es gerade mal 400. Auch stehen dort auf einem einzigen Hektar Wald (10 000 m^2) fast immer sehr viel mehr Bäume (manchmal mehr als 300) als auf derselben Fläche in gemäßigten Regionen (oft weniger als fünf Bäume).

Diese Artenvielfalt ist die Trumpfkarte des tropischen Regenwaldes. Stehen die Bäume genügend weit auseinander, dann sind sie besser gegen schädliche Insekten, Parasiten und Pilze gerüstet. Auch kann sich der Regenwald dank der Reichhaltigkeit seines genetischen Erbguts besser gegen Gefahren wehren, wie beispielsweise Überschwemmungen oder durch Klimaerwärmung verursachte Trockenperioden.

Die riesige bewaldete Fläche spielt auch eine wenig bekannte Rolle bei der Klimaregulierung. Sie ist nicht, wie manchmal behauptet wird, die Lunge unserer Erde, denn sie verbraucht annähernd so viel Sauerstoff wie sie produziert. Aber von ihr steigen ungeheure Wassermengen in Form von Wasserdampf in die Atmosphäre auf. Der Wissenschaftler, der dieses Phänomen untersucht hat, spricht von »fliegenden Flüssen«. Ein sehr großer Baum kann bis zu 1000 Liter Wasser pro Tag in die Atmosphäre abgeben. Mit dem Regen verteilt es sich weit über die Grenzen des Regenwaldes hinaus in viele Länder Lateinamerikas.

Der tropische Regenwald ist eine unschätzbare Hilfsquelle für alle Völker, die dort leben. Er liefert ihnen Obst, Gemüse, Fleisch, Fische, Gewürze, Medikamente und Material für alle Geräte des täglichen Gebrauchs.

Auch wir, die wir weit entfernt vom Regenwald wohnen, profitieren von seinen Wohltaten. Gegenwärtig stammen nicht nur viele Obst- und Gemüsesorten aus dem tropischen Regenwald, sondern auch 60 Prozent unserer Medikamente. Wir profitieren aber auch von seiner Zerstörung und vergessen dabei, dass der Regenwald eine Schatzkammer ist, in der diejenigen Moleküle zu finden sind, die uns in naher Zukunft vielleicht das Leben retten.

ES WAR EINMAL EIN TROPISCHER REGENWALD

Wie ist der tropische Regenwald entstanden? Um seine Geschichte zu verstehen, müssen wir rund 200 Millionen Jahre zurückgehen. Zu dieser Zeit waren alle Kontinente miteinander verbunden. Eine lange Trockenperiode ging zu Ende und wich einem sehr warmen und feuchten Klima. Ein solches Klima war für den Regenwald wie geschaffen, aber auch für die Dinosaurier, deren lange Herrschaft auf der Erde ungefähr um diese Zeit begann. Zu jener Zeit drehte sich die Erde viel schneller um die Sonne, und der Mond, der viel näher bei der Erde war, sah viel größer aus. Es war eine Welt ohne Blumen, ohne Insekten und ohne Vögel.

Der tropische Ur-Regenwald war verschieden von unserem heutigen Regenwald. Riesige Nadelbäume besetzten den höchstgelegenen Bereich, das Kronendach, während baumartige Farne und Palmenarten in den unteren Regionen anzutreffen waren. Vor 100 Millionen Jahren entstanden aus den Farnen die ersten Blumenpflanzen. Mit den bestäubenden Insekten gingen sie eine Symbiose ein: Ich ernähre dich, wenn du mich befruchtest. Und schon bald waren sie im Regenwald in der Überzahl.

Als die Herrschaft der Dinosaurier vor 65 Millionen Jahren zu Ende ging, starben nicht alle aus. Kleine zweibeinige Fleischfresser überlebten. Sie lernten zu fliegen, um sich mit den zahllosen Insekten den Magen zu füllen. Die Wälder hallten jetzt wider von ihren Schreien und ihrem Gezwitscher. Sie entwickelten sich allmählich zu Vögeln.

Während dieser Zeit driften die Kontinente auseinander. Südamerika spaltet sich von Afrika ab. Mehrere Regenwälder entstehen, und jeder Wald wird seine eigene Geschichte haben. Der, der später zum amazonischen Regenwald wurde, hat ein besonderes Schicksal. Als sich vor 23 Millionen Jahren die Gebirgskette der Anden bildete, entstand gleichzeitig ein riesiges Feuchtgebiet. Durch die Höhenlagen kam es vor zehn Millionen Jahren zur Entstehung des Amazonas. Der Fluss entwässerte das Feuchtgebiet, und so konnten sich zahlreiche Pflanzen- und Tierarten ansiedeln. Nach und nach nahm der Regenwald Gestalt an und wurde immer vielfältiger. Die Kontinente von Nord- und Südamerika trieben vor fünf Millionen Jahren aufeinander zu und vereinigten sich. Ihre Fauna und Flora, die jeweils anders ausgeprägt waren, vermischten sich. Ameisenbären, Gürteltiere, Faultiere, Agutis und Wasserschweine stammten noch aus dem ehemaligen Superkontinent Pangäa; Nabelschweine, Eichhörnchen, Jaguare und Tapire waren jedoch neue Tierarten aus dem Norden.

Seit 200 Millionen Jahren hat sich der Regenwald also ständig weiterentwickelt. Eiszeiten, Überschwemmungen durch den wiederholten Anstieg des Meeresspiegels sowie längere Trockenzeiten und gigantische, durch Vulkane ausgelöste Flammenmeere haben ihn nicht zum Verschwinden gebracht, auch wenn er manchmal bei solchen Episoden nur noch aus einigen kleinen Inseln bestand. Er ging jedoch gestärkt daraus hervor und blühte auf, bis er wieder von einem neuen Ereignis getroffen wurde.

In der Nähe von Santarém liegt die Stadt der Götter *(Cidade dos Deuses)* dem Amazonas gegenüber.

KATASTROPHEN HABEN IN UNTERSCHIEDLICHER WEISE ZUR ENTSTEHUNG DES GROSSEN AMAZONISCHEN REGENWALDES BEIGETRAGEN.

IM HERZEN DER WILDNIS

In dem Film *Amazonia* findet sich nach einem Flugzeugabsturz ein junger, im Zoo geborener Kapuzineraffe *(Cebus)* in der Wildnis des amazonischen Regenwaldes wieder. Es herrscht eine bedrückende Stille. Die Vegetation stellt für ihn eine undurchdringliche Mauer dar. Bang lauscht der kleine Kapuzineraffe. Hoch über ihm hat das Vogelgezwitscher eingesetzt. Das Geschrei eines Brüllaffen in der Ferne schreckt ihn auf. So viele Gefühle stürmen auf ihn ein. Warum ist er hier allein? Wo sind die Menschen? Zum ersten Mal in seinem Leben kümmert sich niemand um ihn. Von Hunger und Durst gequält beschließt er, loszumarschieren und alle seine Sinne zu gebrauchen. Er atmet Moschusduft und andere unbekannte, zarte Düfte ein, die widerlich und erregend zugleich sind.

Plötzlich sieht er einen schwarz geringelten Schwanz und bleibt stehen. Eine lange rüsselartige Schnauze taucht auf und nimmt sorgfältig Witterung auf. Es ist ein Nasenbär, dessen Neugier stärker ist als seine Vorsicht.

Für den Kapuzineraffen ist diese seltsame Gestalt, die langsam näher kommt, der erste Kontakt mit einem Territorium, das ihm völlig fremd ist. Dennoch, dieser Regenwald ist seine Heimat, und trotz der aufkommenden Angst spürt er eine eigentümliche Erleichterung: das betörende Gefühl der Freiheit. Aber um zu überleben, wird er sehr schnell dazulernen

müssen. Tukane nehmen in den Ästen über ihm das Mittagessen ein und lassen ab und zu einige Früchte auf seinen Kopf fallen. Das ist seine erste Lektion: Er muss alle Gelegenheiten beim Schopf packen, um den Magen zu füllen!
Er lernt außerdem, dass Gefahren auch vom Fluss, von den Bäumen und vom Himmel drohen. Ein in Gefangenschaft groß gewordener Kapuzineraffe ist für die auf der Lauer liegenden Raubtiere eine leichte Beute. Rettung bietet nur eine Gruppe seiner Artgenossen. Kapuzineraffen kennen wie die Menschen die Solidarität, die gegenseitige Unterstützung und das Teilen.
Mit diesem Kapuzineräffchen, das in eine ungeheure wilde Natur geworfen wurde, empfinden wir Mitleid und zwar aus gutem Grund: Ein Ausflug in den tropischen Regenwald weckt in uns vergessene Ängste. Wir fühlen uns klein angesichts riesiger Bäume, wir sehen nichts, wir verstehen die Geräusche nicht und fühlen uns bei jedem Schritt beobachtet.
Diese urwüchsige Welt mit ihrer Dunkelheit, mit Schlamm, Insekten und stacheligen Pflanzen, mit Spinnen und Schlangen erscheint uns beklemmend, bedrohlich und feindselig. Wie unser kleiner Kapuzineraffe bekommen wir es als Stadtbewohner mit der Angst zu tun.
Begleitet uns allerdings ein Führer, verwandelt sich die grüne Hölle plötzlich in ein Märchenland. Wir sehen, wie Ameisen Baumblätter bearbeiten, um sich ein Nest zu bauen. In Aquarien, die in der Luft hängen, schwimmen Fische, Frösche und sogar Krabben. Während die meisten Tiere mit der Umgebung verschmelzen, um sich zu schützen, schmücken sich hier die Vögel mit den leuchtendsten Farben. Sie wollen bemerkt werden ... von den Weibchen.
Ist unser Führer ein Indio, dann stellen wir fest, dass man nackt im Wald leben kann, ohne gestochen oder gebissen zu werden. Eine geräuschlose Fortbewegung – wie ein Fisch im Wasser –, um den Tieren ganz nah zu kommen, ist ebenfalls möglich. Auch liefert der Wald uns alles, was wir zum Leben brauchen.

DIE GRÜNE HÖLLE VERWANDELT SICH PLÖTZLICH IN EIN MÄRCHENLAND.

DER KAPUZINERAFFE, EIN HOCHBEGABTER DER NEUEN WELT

Was hat unser Kapuzineraffe den anderen Primatenvettern voraus? Warum steht er so im Mittelpunkt? Wegen seiner Augen, die pfiffige Intelligenz verraten? Wegen seiner grenzenlosen Neugier und Vitalität? Die Antwort ist viel einfacher: Es liegt an seiner Fähigkeit, uns emotional zu berühren. Wissenschaftler dagegen lassen sich nicht von Emotionen leiten: Sie messen. Das Gehirnvolumen des Kapuzineraffen entspricht ungefähr dem eines Schimpansen. In aller Bescheidenheit darf man sagen, dass der Kapuzineraffe der intelligenteste Neuweltaffe ist. Und er weiß sehr genau, wie er dieses Geschenk der Natur zu seinen Gunsten nützen kann.

Eine Gruppe von ungefähr zehn bis 40 Tieren hat sich auf den waagrechten Ästen eines großen Baumes niedergelassen. Beim Schlafen bleibt der Kapuzineraffe in körperlichem Kontakt mit einem oder zwei seiner Artgenossen.

Lautstark wecken die Männchen bei Tagesanbruch die Gruppe. Es ist Zeit für das Frühstück. Der Weg dafür ist nicht weit, weil der Anführer den Schlafplatz in der Nähe eines Obstbaumes ausgewählt hat. So wird ein Suchen mit leerem Magen vermieden.

Zum Frühstück gibt es also Obst. Aber der Speiseplan für den ganzen Tag sieht abwechslungsreicher aus: Blumen, Knospen, Nüsse, Samen, Insekten, Spinnen, Eier und gelegentlich auch Frösche, Mäuse, Eidechsen und sogar Jungvögel.

Dieser Kapuzineraffe sucht sorgfältig nach einem Platz, an dem er die dicke, harte Nuss knacken kann, die er sich gerade vom Baum geholt hat. Eine sehr glatte Steinplatte soll der Amboss sein. Um die Schale aufzubrechen, schaut er sich nach einem Stein um, der weder zu groß noch zu klein sein darf. Ein paar gut gezielte Schläge genügen, und schon ist die Aufgabe gelöst. Dank ihrer Intelligenz kommen die Kapuzineraffen an Früchte und Samen, die für andere Affenarten unerreichbar sind.

Das »Jagd«-Gebiet der Kapuzineraffen ist rund ein Quadratkilometer groß. Hier kennen sie jeden Baum, jedes Versteck und jede Gefahr. Sie haben alle Stellen mit möglichen Nahrungsquellen im Gedächtnis und kennen den Zeitpunkt im Jahr, an dem sie sich dort einfinden können. Sie müssen also Hunderte von Daten gut auseinanderhalten können, damit sie nicht unnötig Energie verschwenden.

Wenn um die Mittagszeit die Temperatur ansteigt, macht die Gruppe eine Pause und klettert zu einer Wasserstelle hinab. Das ist ein Moment allerhöchster Gefahr, denn Jaguar, Ozelot und Puma liegen schon auf der Lauer. Zu einem Mittagsschlaf kehren alle auf die Bäume zurück. Doch bald beginnt wieder die Jagd auf nahrhafte Insekten, die sich unter der Baumrinde verbergen oder in den merkwürdigen hängenden Gärten, die sich um jeden Baum winden.

Schnell bricht der Abend herein. Der Anführer gibt den Befehl zum Sammeln und sucht einen Baum als Schlafplatz aus, von dem aus bequem das Frühstück zu erreichen ist.

Dank ihrer Intelligenz kommen die Kapuzineraffen an Früchte und Samen, die für andere Affenarten unerreichbar sind.

Oben ein Pakarana, eine endemische, große südamerikanische Nagetierart, die im Westen Amazoniens lebt, unten eine kleine Eule, auf der rechten Seite ein Leguan.

EIN RIESIGER WALD, IN DEM ZWERGE WOHNEN

Der Regenwald ist eine riesige Kathedrale. Seine glatten Baumstämme sind die Säulen, und das Laub ist das Gewölbe. Durch das Blattwerk schimmert die Sonne wie durch Kirchenfenster. Die größten Bäume, die das Kronendach überragen, sind die Türme des Gebäudes, das eine Höhe von über 50 Metern erreichen kann. Die Bewohner dieser grandiosen Konstruktion sind eher von bescheidener Größe.

Das größte und schwerste Tier des Regenwaldes ist der Tapir *(Tapirus terrestris)* mit seinen ungefähr 200 Kilogramm und der Größe eines Kalbs. Die meisten Säugetiere sind sehr viel kleiner, ihr Gewicht beträgt höchsten ein paar Dutzend Kilogramm oder weniger.

Warum gibt es in einem derart riesigen Waldgebiet keine großen Pflanzenfresser wie in Afrika? Weil sie hier keine Nahrung finden würden. Es gibt keine Savanne und keine Gräser, nur Blätter, Äste und Früchte, die von den Bäumen fallen. Für große Mägen ist das völlig unzureichend. Der Tapir frisst sich satt, indem er den ganzen Tag auf Flächen weidet, die sich in der Nähe von Gewässern befinden, vor allem dort, wo es leicht erreichbares Unterholz gibt.

Die kleinen Säugetierarten sind dagegen zahlreich vertreten. Jede Art hat eine Nische gefunden, einen ganz bestimmten Bereich, in dem sie lebt und sich ernährt. Tiere, die nicht klettern

EIN EIGENARTIGES GÜRTELTIER

Das Neunbinden-Gürteltier *(Dasypus novemcinctus)* unterscheidet sich von anderen Gürteltieren durch seine lange spitze Schnauze. In Brasilien wird es wegen seines köstlichen Fleisches, das an Geflügel erinnert, auch »Hähnchen-Gürteltier« genannt. Woher stammt dieses mit beweglichen Platten ausgerüstete Tier? Ist es halb Schildkröte, halb Igel, wie Rudyard Kipling in seinen *Geschichten für den allerliebsten Liebling* vorschlägt? Eher scheint es weitläufig mit dem Ameisenbär und dem Faultier verwandt zu sein. Die Gürteltiere pflanzen sich auf eine einzigartige Weise fort: Befruchtet wird ein einziges Ei, das sich dann in vier Embryonen teilt. Das Weibchen bringt also immer vier genetisch identische Jungtiere zur Welt.

oder fliegen können, ernähren sich von herabgefallenen Früchten, von Nüssen, Blättern und Wurzeln. Das Pekari *(Pecari tajacu)*, das einem kleinen Wildschwein ähnlich sieht, kann mit seinen kräftigen glatten Backenzähnen die härtesten Nüsse knacken. Das Aguti, ein zierliches Tier von der Größe eines Hasen, nagt an den Nüssen mit seinen langen Schneidezähnen und bricht sie auseinander. Das Gürteltier, das sich bei der geringsten Gefahr zusammenrollt, gräbt im Erdboden nach Würmern, Ameisen und Termiten. Das Capybara oder Wasserschwein *(Hydrochoerus hydrochaeris)* ist das größte bekannte Nagetier und hält sich zur Nahrungsaufnahme gerne auf den Wiesen in der Nähe von Flüssen auf.

Kleinere Säugetiere des Waldes holen sich ihre Nahrung auf den Bäumen, da hier das Angebot reichhaltiger ist. Sie stoßen dort allerdings auf harte Konkurrenz, da es noch weitere Liebhaber der vielen Obstarten gibt, wie zum Beispiel Vögel, Fledermäuse, Affen, Insekten und sogar Fische, wenn der Wald überschwemmt ist.

Der Coati oder Nasenbär *(Nasua)* mit seiner langen, rüsselartigen Nase und meist aufrecht stehendem Schwanz sucht sich seine Nahrung auf dem Boden und auf den Bäumen. Er stöbert die unter Blättern versteckten Insekten auf, mag aber auch Obst sehr gern. Flink wie ein Eichhörnchen klettert er die Bäume hinauf und hinunter. Der Kinkajou oder Wickelbär ist ein merkwürdiges Tier, dessen wissenschaftliche Einordnung nicht leicht ist. Er verlässt nie die Bäume, ist nachtaktiv und stößt merkwürdige kleine Schreie aus. Mit seiner langen Zunge kann er den Nektar im Blütenkelch schlürfen.

Die Tiere des Regenwaldes sind nicht besonders groß, weil sie dann leichter die äußerste Spitze der Äste von großen Bäumen erreichen können. Ein Federgewicht wäre dafür sehr empfehlenswert.

Viele Säugetierarten wie das Baumhörnchen (oben links) oder der Nasenbär (rechts) finden ihre Nahrung sowohl am Boden als auch in den Bäumen.

DER TAPIR, GÄRTNER DES REGENWALDES

In der Geschichte *Der Sonnentempel* aus der Comic-Serie *Tim und Struppi* ist der Tapir jenes Tier, das den Kapitän Haddock umrennt. »Mich hat wohl ein Bus umgeworfen?«, verwundert sich der Kapitän.

Der Tapir ist das Schwergewicht im amazonischen Regenwald. Wenn er sich bedroht fühlt, prescht er mit seiner Länge von zwei Metern und seinen 200 Kilogramm nach vorne los ins Unterholz; seine Haut ist oft mit Narben übersät, die von Verletzungen herrühren, die er sich bei seinen ungestümen Fluchtversuchen zugezogen hat.

Sein Name stammt von den Tupi-Indios. Sie nannten ihn *tapiiri*, was soviel wie »dick« heißen soll. Der Tapir ist stämmig gebaut und so groß wie ein Pony. Er besitzt einen Borstenkamm, der an eine Mähne erinnert. Auch ist er ein Feinschmecker. Ein Forscher stellte fest, dass er sich von 80 Pflanzen- und 60 Obstarten ernähren kann. Zur Nahrungssuche setzt er seinen Rüssel ein, der aus Nase und Oberlippe entstanden ist. Sein Sehvermögen ist mittelmäßig, der Geruchssinn dagegen außerordentlich gut, und sein mit Vibrissen (Tasthaaren) ausgestatteter Rüssel ist ein sehr wirkungsvolles Tastorgan. Mithilfe besonderer Muskeln kann er den Rüssel verlängern und wieder einziehen. Ohne seinen Kopf zu bewegen, ist er imstande, mit dem Rüssel seine Umgebung im Umkreis von 15 Zentimetern zu erkunden. Er wickelt seinen verlängerten Rüssel um einen Zweig, zieht den Rüssel zurück und reißt so die Blätter aus. Auch schüttelt er mit ihm die Zweige, damit das Obst herunterfällt.

Der Tapir kann durch das dichteste Gestrüpp hindurchschlüpfen und bildet auf diese Weise tunnelartige Pfade. Er hält sich vorwiegend an Gewässern auf. Er badet gern, um sich zu erfrischen und von Parasiten zu befreien, und benutzt dafür seinen Rüssel wie einen Schnorchel. Er ist ein ausgezeichneter Schwimmer und vermag mehrere Minuten ohne Sauerstoff unter Wasser zu bleiben.

Seine Ausscheidungen ernähren zwar auch die Fische, spielen aber vor allem auf dem Festland eine wichtige Rolle. Sie enthalten und verbreiten die Samen von zahlreichen Pflanzen und tragen dadurch zur Erneuerung des Waldes bei. Ohne es zu ahnen, ist der Tapir ein wertvoller Gärtner.

Der ausgewachsene Tapir hat in der Natur nur zwei Feinde: den Jaguar und den Kaiman. Vor allem aber ist er ein Opfer des Menschen, der ihn jagt, weil sein Fleisch sehr geschätzt wird. Halten sich Menschen in seiner Umgebung auf, wird er nur nachts aktiv. Heute gilt der Tapir als gefährdet. Da sein Lebensraum immer kleiner wird und das Weibchen im Zeitraum von zwei Jahren nur ein Junges zur Welt bringt, ist der Bestand der Tierart im Verlauf der letzten 40 Jahre Schätzungen nach um ein Drittel zurückgegangen.

EIN LEBENDES FOSSIL

Der Tapir, von dem noch vier Arten existieren, gehört zur Ordnung der Unpaarhufer. Das sind Säugetiere, die eine ungerade Zahl von Zehen an den Hinterfüßen haben. Zu ihnen zählen neben den Tapiren nur noch die Pferde und die Nashörner. Ihre größte Zeit hatten die Unpaarhufer vor 30 Millionen Jahren, als riesige Säugetiere auf der Erde lebten. Das größte Säugetier war das Paraceratherium (früher auch Baluchitherium) mit einer Höhe von sieben Metern und einem Gewicht von 15 bis 20 Tonnen. Es war das größte Säugetier aller Zeiten! Der Tapir, der perfekt an seine Umwelt mit dichtem Wald angepasst ist, hat sich seit dieser Zeit kaum verändert. Für die Naturforscher ist er deshalb ein lebendes Fossil.

Der Rüssel des Tapirs ist ein sehr wirkungsvolles Tastorgan, das er nach Belieben verlängern und einziehen kann.

DIE ZÄHNE DES REGENWALDES

Im Schatten des unbestrittenen Herrschers im Regenwald, des Jaguars *(Panthera onca)*, verbreiten weitere Raubtiere Angst und Schrecken. Der Puma *(Puma concolor)*, der in Brasilien *suçuarana* genannt wird, kann fast mit dem Jaguar mithalten. Er ist ungefähr gleich groß und herrscht über ein weites Gebiet, das er unermüdlich durchstreift. Um seine Beute in Sicherheit zu wiegen, taucht er nicht zwei Tage hintereinander am selben Ort auf. Er jagt wie der Jaguar aus dem Hinterhalt. Er bezieht sogar auf einem Baum Position, um ein Nabelschwein oder ein Nagetier zu überraschen. Er lässt sich auf seine Beute fallen und bricht ihr mit einem Biss das Genick. Wo er mit dem Jaguar konkurriert, überlässt er diesem die größeren Beutetiere und jagt kleinere Tiere wie Affen, Pakas, Vögel, Kriechtiere und kleine Nagetiere, an denen kein Mangel herrscht.

Der Puma, ein gefürchtetes Raubtier, gehört zur gleichen Familie wie die Hauskatze. Er ist die größte Katze der Welt und verfügt über eine ungeheure Kraft: Aus dem Stand kann er mit seinen starken Hinterpfoten auf einen vier Meter hohen Ast springen. Im schnellen Lauf erreicht er auf kurzen Strecken eine Geschwindigkeit von über 70 Kilometer pro Stunde. Beim Sprung kommt er auf eine Weite von über zehn Metern.

Der Puma und sein Weibchen sind ein harmonisches Paar: zusammen jagen und schlafen sie, aber das Männchen kümmert sich nicht um die Aufzucht der Jungen.

GEFÜRCHTETE RAUBTIERE

Der Puma lebt sowohl im tropischen Regenwald wie in den Sümpfen des Pantanal, in den weiten Savannen der Region Cerrado und den Wüstengebieten ebenso wie im Hochgebirge. Von allen Säugetieren Amerikas hat er das

DIE GRÖSSTE KATZE DER WELT

Im Schlaf schiebt der Puma wie alle Katzen seine Pfoten unter den Körper. Die großen Raubkatzen dagegen strecken ihre Pfoten aus, wenn sie sich ausruhen. Für Wissenschaftler ist der Puma das größte Exemplar in der Familie der Kleinkatzen, zu denen auch der Serval, der Karakal und der Luchs gehören.

Der Ozelot (oben) ist ein nächtlicher Jäger, der sich gern in den Bäumen des dichten Waldes auf die Lauer legt. Der Puma (linke Seite) jagt auch in der Nacht.

größte Verbreitungsgebiet: Es reicht von Alaska bis in den Süden von Argentinien.

Der Ozelot *(Leopardus pardalis)* ist viel kleiner als der Puma und wiegt nur rund zehn Kilogramm. Er lebt ebenfalls im tropischen Regenwald. Sein bunt gefärbtes Fell in Gelb, Ocker und Gelb-Orange ist weltweit eines der begehrtesten Felle und führte an manchen Orten zur völligen Ausrottung des Tieres. Jeder Ozelot hat ein mit Rosetten-, Flecken- und Streifenmuster geschmücktes unverwechselbares Fell.

Der Ozelot jagt nachts aus dem Hinterhalt eher Beutetiere von geringer Größe wie kleine Nagetiere, Eidechsen, junge Affen, Nabelschweine, aber auch Leguane, Schildkröten, Amphibien und Fische. Das Männchen bringt dem Weibchen Nahrung in den Bau und beteiligt sich an der Aufzucht der Jungen.

DER JAGUAR

Das junge Pekari, das abseits seiner Rotte am Ufer des Amazonas nach Nahrung suchte, hörte ihn nicht kommen, denn er bewegt sich geräuschlos wie ein Phantom. Sehen konnte es den Jaguar auch nicht, denn sein rosettenartig gesprenkeltes Fell bietet im Unterholz eine perfekte Tarnung, vor allem in der Dämmerung. Tatsächlich aber hat sich das Raubtier nicht einmal bewegt. Die Beute war es, die sich seinem Hinterhalt, einem dichten Gebüsch, genähert hat. Der tödliche Angriff dauerte nur eine Sekunde. Eisenharte Kiefer dringen in den Schädel des Wildschweins und brechen ihn wie eine Nussschale. Das Pekari hat nicht gelitten.

Der Jaguar (*Panthera onca*) ist das größte Raubtier Amerikas und mit seiner Länge von fast zwei Meter und einem Gewicht von über 100 Kilogramm das dominierende Raubtier im amazonischen Regenwald. Nur zwei Raubtiere, der Tiger und der Löwe, sind noch größer. Der Jaguar hat das stärkste Gebiss von allen und setzt es als eine fürchterliche Waffe bei der Jagd ein. Während die anderen Großkatzen ihre Beute an der Kehle packen, bricht ihnen der Jaguar mit einem Biss die Schädelknochen und schaltet so das Gehirn aus.

Der Jaguar bevorzugt große Beutetiere wie den Tapir, das Capybara oder das Pekari. Auch Schlangen, Schildkröten oder sogar Kaimane greift er an. Affen und notfalls Frösche und Vögel stehen ebenfalls auf seinem Speiseplan.
Der Jaguar jagt als Einzelgänger und ist vor allem in der Dämmerung oder bei Tagesanbruch aktiv. Er fühlt sich in jedem Milieu wohl: auf dem Boden, auf Bäumen, sogar im Wasser, aber immer liegt er im Hinterhalt. Er ist so stark, dass er mit einer über 50 Kilogramm schweren Beute im Maul schwimmen kann. Der Jaguar frisst bis zu 25 Kilogramm pro Mahlzeit, kann aber anschließend eine Woche lang ohne Nahrung auskommen.
In den meisten Ländern ist der Jaguar geschützt. In einigen Gebieten des Regenwaldes kommt es allerdings zur Konfrontation mit den Viehzüchtern, weil der Jaguar sich sehr schnell an die Rinder als Beute gewöhnt hat. Er wird dann kurzerhand getötet, obwohl er auf der Liste der bedrohten Tierarten steht.
Der Jaguar ist ein symbolträchtiges Tier. Dadurch können Gelder gesammelt werden, die zahlreichen bedrohten Tierarten zugute kommen. Riesige Naturgebiete mit einer großen Vielfalt an Fauna und Flora sind wegen des Jaguars geschützt, sowohl in Amazonien wie auch in Costa Rica, in Belize und in Mexiko.

JAGD AUF SEIN FELL

Lange Zeit wurde der Jaguar wegen seines prächtigen Fells gejagt. Zu Beginn der Sechzigerjahre nahm in Amazonien der Fellhandel plötzlich an Umfang zu. Jährlich fielen der Jagd schätzungsweise 15 000 Jaguare und 80 000 Ozelote, eine kleinere, ebenfalls im Regenwald lebende Raubkatze, zum Opfer. Zum Glück führte Brasilien 1967 ein völliges Verbot für den Handel mit Wildtieren ein, sodass der Handel um die Hälfte zurückging. Seit Mitte der Siebzigerjahre ist der Handel mit Jaguarfellen weltweit verboten.

DER GROSSE AMEISENBÄR

Die Guarani-Indios nennen ihn *yurumi*, »Kleinmund«. Er ist mit seinem lang gestreckten Kopf, der in eine röhrenartige zahnlose Schnauze mündet, einem Staubsauger ähnlich. Die Zunge im zylindrischen Mund ist 60 Zentimeter lang und sondert eine klebrige Substanz ab, mit der die Beute bestrichen wird. Seine Opfer sind fast ausschließlich Ameisen und Termiten. Im tropischen Regenwald, aber auch in offeneren Lebensräumen, die der Ameisenbär bevorzugt, machen diese Insekten bis zu 30 Prozent des Gesamtgewichts aller Lebewesen, der sogenannten Biomasse, aus.

Für seine schwierige Aufgabe ist der Ameisenbär besonders gut ausgerüstet. Seine robusten und mächtigen Vorderpfoten besitzen fünf Zehen, von denen drei sichelförmig gekrümmte Klauen tragen. Das sind keine Jagdwaffen, sondern Werkzeuge für Erdarbeiten. Er setzt sie ein, um die Ameisen- und Termitenhügel aufzubrechen, die manchmal steinhart sind.

Wenn er ein großes Insektennest angreift, dann geht er äußerst geschickt vor. Man könnte von einem Blitzangriff nach einem Bombenhagel sprechen. Er sprengt das Nest mit einem gewaltigen Schlag seiner Vorderpfote auf und steckt seine lange Schnauze bis ins Innere der Behausung. Die Zunge tritt nun mit höchster Geschwindigkeit in Aktion: Zwei- oder dreimal in der Sekunde schnellt sie heraus und zurück. Dabei nimmt sie Hunderte von Amei-

sen oder Termiten mit. Aber die Zeit dafür ist begrenzt. Nach ungefähr 40 Sekunden muss er sich zurückziehen, denn innerhalb dieser Zeit haben sich die Bewohner neu organisiert und gehen zum Gegenangriff über.
Geschützt vor Bisswunden ist der Ameisenbär durch sein dickes Fell mit Haaren von bis zu 40 Zentimetern Länge. Er vermeidet eine völlige Zerstörung des Nestes, denn er kommt wieder, wenn die Insekten den Wiederaufbau beendet haben. Wissenschaftler schätzen, dass er an einem Tag ungefähr 30 000 Ameisen und Termiten verschlingen kann.
Der Große Ameisenbär ist wegen seiner Haut sehr begehrt, aus der vor allem ebenso weiche wie haltbare Stiefel hergestellt werden. Aber es gibt zwei weitere, noch unerbittlichere Feinde: Feuer und Überschwemmungen. Für den größten Teil von Südamerika gilt diese Art als gefährdet, die Bestände sind im Verlauf der letzten zehn Jahre wahrscheinlich um ein Drittel zurückgegangen.

Sein Angriff ist wie ein Blitzschlag. Er sprengt das Nest mit einem Pfotenschlag und steckt seine lange Schnauze hinein.

GESCHÜTZT AUCH OHNE ZÄHNE

Der Ameisenbär hat einen sehr weit entfernten Vetter in Afrika, das Pangolin, das ihm sehr ähnlich ist. Da ihre Lebensweise übereinstimmt, hatten sie eine vergleichbare Entwicklung. Sie besitzen dieselbe dünne Schnauze, eine ziemlich lange Zunge, einen schlanken Körper und einen langen Schwanz. Das Pangolin schützt sich vor Insektenstichen durch einen Panzer aus Hornschuppen. Beide Tiere sind zusammen mit dem Schnabeltier die einzigen Säugetiere, die keine Zähne haben.

EIN PARADOXER REICHTUM

Die ersten Siedler in den tropischen Regenwäldern waren erfreut über die üppige Vegetation. Der Boden musste ja von außergewöhnlicher Fruchtbarkeit sein, wenn er einen solchen Reichtum hervorbrachte. Doch nach Rodung der Wälder zeigte sich, dass der Untergrund des tropischen Regenwaldes nährstoffarm, sauer und wenig fruchtbar ist.
Allem Anschein zum Trotz fehlt es dem tropischen Regenwald an Nährstoffen wie Stickstoff, Phosphor, Kalium, Kalzium und Magnesium. Sie wurden im Verlauf von Tausenden von Jahren durch starke Regenfälle abgetragen. Daher taugt dieser Boden, der Riesenbäume hervorbringen kann, nicht für die Landwirtschaft. Wie erklärt sich ein solches Paradox?

REGENWALD AUF TÖNERNEN FÜSSEN

Die Bäume speichern selbst ihre notwendigen Nährstoffe. Sie haben gelernt, so schnell wie möglich das kleinste Stückchen Nahrung zu verwerten. Blätter, Früchte und Zweige fallen in viel größeren Mengen von den Bäumen als in unseren Wäldern mit ihrem gemäßigtem Klima, und das geschieht das ganze Jahr über. Um ihren Stamm herum bilden die Bäume weiträumig ein sehr schlankes und sehr dichtes Wurzelgeflecht aus. Die Wurzeln verlaufen horizontal oder vertikal und verbinden sich mit den Pilzen am Boden, um die vollständige Verrottung des organischen Materials sofort in Gang zu setzen, um rasch Nährstoffe zu gewinnen. Andernfalls würde das überaus kostbare Material von sintflutartigen Regenfällen oder Überschwemmungen hinweggespült.
Der Wettlauf um die Nahrung führt dazu, dass die Bäume Wurzeln in jeder Schicht haben, selbst über dem Kronendach, um nichts verloren zu geben. Manche Baumarten mit hohlem Stamm besitzen sogar im Inneren Wurzeln, die die Ausscheidungen der hier verborgen lebenden Tiere aufnehmen und verwerten.
Den Bäumen arbeiten weitere Verbündete zu. Die vielen Bodeninsekten stürzen sich sofort auf jedes pflanzliche oder tierische Abfallprodukt (Kadaver, Exkremente), das sie auf dem Boden finden. Pilze und Bakterien setzen die Arbeit fort. Der Regenwald ist dadurch eine gigantische Kompostfabrik.
Die Energiequelle des Regenwaldes ist die Sonne, die das ganze Jahr über konstant warme Temperaturen liefert. Wasser gibt es im Überfluss. Ein Teil des Regenwaldes, der größer als Frankreich ist, profitiert von einem günstigen Umstand: Durch die Hochwasser des Amazonas und seiner Nebenflüsse werden jährlich Millionen Tonnen fruchtbarer Tonerde an die Bäume geschwemmt.
Unser Planet kennt ein weiteres, äußerst vielfältiges Ökosystem, das in einer Umgebung mit niedrigem Nährstoffgehalt gedeiht: das Korallenriff. Auch das Riff versteht es meisterhaft, die Sonnenenergie auszunützen und alle

Ressourcen seiner Umwelt verlustfrei wiederzuverwerten. Es hat den Anschein, als ob die Natur ihren ganzen Einfallsreichtum aufbieten kann, wenn es darum geht, dort Reichtum entstehen zu lassen, wo Armut herrscht. Wir, die wir die Ressourcen dieser Erde verschwenden und in unseren Abfällen ersticken, sollten daher von diesen beiden Vorbildern der Natur lernen.

DIE NUSSKNACKER

Was geschieht mit den Samen, die vom Kronendach herunterfallen? Sie keimen im Halbdunkel des Unterholzes; weil sie aber nicht genügend Licht bekommen, können sie nicht wachsen. Sie müssen sich also mit Geduld wappnen. Dazu benötigen sie eine Nahrungsreserve, und die Natur stellt sie auch oft bereit. Die Samen des riesigen brasilianischen Paranussbaumes (*Bertholletia excelsa castanheira*) enthalten Öl. Aber die großen Früchte sind bei den Körnerfressern sehr beliebt, die unermüdlich im Urwald danach suchen. Um es ihnen so schwer wie möglich zu machen, besitzen die Samen eine harte Schale, die unmöglich zu knacken ist.

Das Wort »unmöglich« ist in der Natur ein sehr relativer Begriff. Auch die beste Verteidigung hat schließlich immer eine Schwachstelle, so funktioniert eben die Evolution. Einige Säugetiere haben sich auf das Knacken der Paranuss spezialisiert, die im Regenwald zu den häufigsten Früchten zählt.

Das Aguti (*Dasyprocta*), das in Brasilien *cutia* genannt wird, ist ein nachtaktives Säugetier. Es nagt mit seinen langen Schneidezähnen an den Nüssen, um die Schale zu knacken. Mit der kräftigen Kaumuskulatur, die an Knochen im hinteren Schädel ansetzt und gut verankert ist, zerlegt das Aguti den Inhalt. Es hat aber auch die Gewohnheit, einen Teil der Samen zu vergraben, vergisst aber wie das Eichhörnchen häufig die Stelle. Solche Samen können keimen. Die Anpassung über Millionen von Jahren führte zu einer Abhängigkeit des Baumes von seinem Früchtefresser. Was wird aus den Samen des Paranussbaumes, wenn das Aguti in einem Urwaldgebiet aussterben sollte?

Das Pekari (*Pecari tajacu*) ist wahrscheinlich das einzige andere Tier im Regenwald, das dank seiner breiten, flachen Backenzähne diese

EIN FISCH ALS NUSSKNACKER

Der Schwarze Pacu – in Brasilien auch *Tambaqui* genannt – ist ein mit dem Piranha verwandter Fisch, der sich im überschwemmten Regenwald von den hartschaligen Samen des Gummibaums ernährt. Dafür hat er kräftige Kiefer und Zähne, die wie Backenzähne geformt sind. Die Samen sind sehr ölhaltig, sodass der Schwarze Pacu sich einen Fettvorrat anlegen kann, der ihm in der Trockenzeit das Überleben sichert.

Wie monumentale Pfeiler ragen die Wurzeln einer *Swartzia schomburgkii* auf (oben). Wegen ihres harten Holzes werden einige Vertreter dieser Gattung als Eisenholz bezeichnet. Auf der rechten Seite ein riesiger Sumauma-Baum am Rio Negro. Folgende Doppelseite: Bäume sind kühne Architekten.

EIN BAUM MIT ELLENBOGEN

Im Rahmen der Zusammenarbeit mit ihren Kollegen in Guyana haben Bruno Moulia und sein Team eine Baumart entdeckt, die auf sehr eigenwillige Weise ihre Konkurrenten überragt. Es handelt sich um den Baum *Tachigali melinonii*, der mit dem Judasbaum verwandt ist. Er steckt seine waagrechten Äste in die Baumkronen seiner Nachbarn und benützt sie als Stütze. Anstatt seinen Stamm zur Stabilisierung zu verstärken, benützt er die freigewordene Energie zu einem schnellstmöglichen Wachstum nach oben, um seinen Nachbarn zuvorzukommen. Überragt er dann die anderen, so entwickelt er eine große Krone und einen dicken Stamm und wird zu einem dominierenden Baum im Kronendach.

ausgesprochen harten Nüsse knacken kann. Manche Samen werden nicht gefressen und können keimen. Agutis und Pekaris haben zusammen mit vier weiteren Früchtefressern eine außerordentlich wichtige ökologische Funktion: Sie verbreiten Samen und tragen so zur Regenerierung des Tropenwaldes bei.

WIE DER BAUM SICH AUFRECHT HÄLT

Eine unwiderstehliche Kraft treibt den Baum in die Höhe zum Sonnenlicht, das für ihn lebensnotwendig ist und das er, koste es, was es wolle, erreichen muss. Während seines Wachstums nach oben muss er sich auch nach der Seite hin ausdehnen, um seinen Wuchs zu stabilisieren. Im Laufe seines Lebens können unvorhergesehen viele Ereignisse eintreten: ein Windstoß, ein Baumnachbar, der sich aufstützt, eine zu umtriebige Liane oder parasitäre Pflanzen, die sich ungebeten einfinden. Der Baum bemerkt solche Veränderungen und reagiert darauf. Er gleicht aus, richtet sich wieder auf und verstärkt seine Anstrengungen, um sein Ziel, das Sonnenlicht, zu erreichen.

Aber die Riesenbäume des Regenwaldes müssen auch ihre Struktur insgesamt im Auge behalten. Wie die Erbauer der Kathedralen haben sie Angst, ihr schöner Bau könne zusammenbrechen. So statten sich einige Bäume mit Strebepfeilern aus ähnlich den Strebebögen, die die Mauern eines Kirchenschiffs stützen. Biomechaniker konnten in Guyana nachweisen, dass diese Strebepfeiler wie Abspannseile funktionieren. Da sie aus Zugholz bestehen, das sich zusammenziehen kann, sind sie imstande, bei einem Baum, der sich neigt, von der einen oder anderen Seite zu ziehen, um das Gleichgewicht zu bewahren, etwa so, wie man Seile beim Aufstellen einer Statue benützt; so können sie einen möglichst geraden Wuchs gewährleisten. Bruno Moulia und sein Team vom Nationalen Französischen Institut für Agrarforschung (INRA) in Clermont-Ferrand untersuchen seit langem die Standsicherheit von Bäumen. Mit Hilfe von 3-D-Bildern, der Rechenkapazität von Computern und mit High-Speed-Kameras können sie einen Baum von der einzelnen Zelle bis zu seiner komplexen Geometrie in dreidimensionaler Form darstellen. Sie messen die Fähigkeit der Bäume, ihre Umwelt wahrzunehmen und sich entsprechend anzupassen. Die unmittelbaren Reaktionen eines Baumes auf ein plötzliches Ereignis (ein Sturm oder ein Erdrutsch) erfassen die Forscher genauso wie die vielen Ereignisse während seiner Entwicklung im Laufe der Jahre.

Der Baum besitzt beispielsweise Zellen mit winzigen Körnern aus Stärke, die als Wasserwaage dienen. Neigt sich der Baum zur Seite wegen des Windes, eines kraftlosen Nachbarbaumes oder eines zu lockeren Bodens, dann rollen die Körner in Richtung des Gefälles und berühren die Zellmembran. Dieses Signal löst eine Reaktion des Baumes aus, um seine Lage zu korrigieren. Der Baum verfügt also über eine echte Selbstwahrnehmung, mit der er seine Gestalt ändern kann, so wie bei einer Person, der man sagt: »Halte dich gerade!«

Eine Vogelspinne (oben), rechts ein Pilz, die Gemeine Stinkmorchel, und Raupen; darunter: Diese Ansammlung von Raupen vermittelt einen Eindruck davon, wieviele Lebewesen in der Waldstreu des Bodens oder des Unterholzes leben.

IM REICH DER FINSTERNIS

Weit weg vom Sonnenlicht ist die Strauchschicht das Reich der Finsternis. Bei geschlossenem Blätterdach – das ein Zeichen für einen intakten Regenwald ist – fällt nur ein bis zwei Prozent des Sonnenlichts auf den Boden. Die Feuchtigkeit beträgt fast 100 Prozent. Es ist kühl. Selten kommen der Wind oder der Regen nach unten. Der Boden ist porös, und zwischen den mächtigen, nach oben strebenden glatten Stämmen gibt es nur eine spärliche Vegetation, weil nicht genügend Licht für das Wachstum vorhanden ist. Der Boden ist dagegen mit Wurzeln übersät. Überall gibt es Termitennester und Lianen, die sich dem Licht entgegenstrecken, und Abertausende von Moskitos!

Willkommen im »Abfallraum des Regenwaldes«! Diese Bezeichnung stammt vom dem Botaniker Francis Hallé, einem bedeutenden Erforscher des Regenwaldes. Der Gestank ist jedenfalls da oder vielmehr ein köstlicher Geruch von Humus und Pilzen. Hier vermodert alles, was von oben herabfällt: Blätter, Früchte, Nüsse und Zweige. Aber alles zersetzt sich nicht. Manche Samen warten nur auf einen kleinen Sonnenstrahl, um zu keimen. Mit einem Wort: Hier ist das Ende und der Anfang von allem.

Eine Menge kleiner Tiere tummelt sich in diesem brachliegenden Garten: Kleine Waldnagetiere, Insektenfresser, die im Waldstreu nach Samen und Insekten suchen, denn darunter wimmelt es von Käfern, Tausendfüßlern, Mistkäfern, Termiten, Ameisen und Fliegen. Noch auf das kleinste Stück Erde stürzt sich sofort eine Heerschar von Zähnen, Unterkiefern und Mundwerkzeugen. Auch das kleinste Exkrement ist eine begehrte Kostbarkeit und in wenigen Minuten von Schmetterlingen, Käfern und Fliegen zugedeckt. Ein Schweißtropfen ist ein kostbares Elixier, über das die Bienen herfallen. Die Schaben kümmern sich um die Kadaver.

Zu dieser Tierwelt gehört die unsichtbare Mikrofauna der Wirbellosen: Springschwänze, Milben, Bakterien und Enzyme. Die Waldstreu ist eine chemische Fabrik, die Materie in Nährstoffe umwandelt, die für die ganze Nahrungskette verwendbar sind. Sie ist die Matrix des Regenwaldes. So hängen die größten Geschöpfe der Erde, die Bäume, von mikroskopischen Lebewesen ab, die zu ihren Füßen leben.

DISKRETE WIEDERVERWERTER

In noch stärkerem Maße als die Insekten betreiben Pilze und Bakterien die Wiederverwertung im Regenwald. Sie können eine unendliche Menge chemischer Stoffe bearbeiten, indem sie die komplexen Moleküle in einfachere Strukturen zerlegen und dadurch ihre Wiederverwertung erleichtern. Stickstoff, Phosphat und Eisen sind wertvolle Stoffe für einen so nähstoffarmen Boden. Einige Pilze leben direkt auf bestimmten Tierarten als Parasiten und fressen sogar deren Organe auf, sodass die Tiere sterben. Dann setzen sie Wolken voller Sporen frei, die fortfliegen zu neuen Opfern …

DIE LAUBFRESSER

Scheinbar ist nichts einfacher, als sich am Laub gütlich zu tun, wenn man in einem riesigen Wald wohnt. Nahrung ist hier reichlich vorhanden: Jeder Quadratmeter Wald erzeugt genügend Blätter, um damit eine zehnmal größere Fläche zu bedecken. Das sind ungefähr zehn Tonnen pro Hektar im Jahr.

Aber wer profitiert von dieser wunderbaren Speise? Schließlich gibt es kaum Tiere, die sich von den Blättern dieser Bäume ernähren können. Warum? Weil die Blätter besonders zäh und schwer verdaulich sind. Die Bäume schützen sich auf diese Weise vor blätterfressenden Tieren.

Aber es gibt Tiere, die sich an diese Verhältnisse angepasst haben. Die Blattschneiderameisen zerteilen die Blätter in kleine Stücke und bringen sie in ihr unterirdisches Nest, wo die Arbeiterinnen sie noch weiter zerkleinern und dann sorgfältig kauen. Die entstandene Masse fügen sie den Pilzsporen hinzu, die dank dieser Nahrung hier wachsen. Gleichzeitig ernähren sich die Ameisen von den Pilzen.

Die Raupen vieler Schmetterlinge kauen die Blätter sehr lange, um an die wenigen Nährstoffe zu gelangen. Größere Tiere würden bei dieser viel zu langsamen und wenig ergiebigen Ernährungsweise verhungern.

Seltene Primatenarten wie die Brüllaffen haben in ihrem Darm Bakterien, deren Aufgabe es ist, die Zellulose der Blätter in eine verdaubare Nahrung zu verwandeln. Wegen dieser Besonderheit steht ihnen eine Nahrungsquelle zur Verfügung, die anderen Affenarten mehr oder weniger verwehrt bleibt. Sie sind zwar schwerer und bewegen sich langsamer als die flinken Artgenossen, die sich von Früchten und Samen ernähren, aber sie brauchen eben auch nur die Hand auszustrecken, um an ihr Futter zu kommen.

Die Bäume verfügen mit Dornen, Stacheln und Giftstoffen über weitere Abwehrwaffen, um Laubfresser abzuschrecken. Manche Insekten sind gegen das in den Blättern vorhandene Gift immun geworden. Sie speichern sogar das Gift in ihrem Körper, um sich gegen Feinde zu schützen. Das trifft für Raupen zu, die – zu prächtigen Schmetterlingen herangewachsen – mit ihren lebhaften Farben Raubtieren signalisieren: Achtung, giftig!

DER STINKVOGEL

Der Hoatzin (*Opisthocomus hoazin*), auch Schopfhuhn, Zigeunerhuhn oder Stinkvogel und in Brasilien *cigana* genannt, ist ein herrlicher Vogel mit buntem Gefieder. Er ist einer der wenigen Vögel, die Blätter des Regenwaldes verdauen können. Seine Speiseröhre und sein Kropf sind beide sehr groß und enthalten Bakterien, mit denen die Verdauung innerhalb von 48 Stunden vor sich geht. Der Verdauungsprozess verläuft so ähnlich wie bei der Kuh. Der Hoatzin ist ziemlich schwer; er fliegt schlecht und riecht nach Jauche, daher der Spitzname »Stinkvogel«.

Nur wenige Tiere sind in der Lage, die zähen Blätter der Urwaldbäume zu verdauen. Zu ihnen gehören die Brüllaffen und eine Reihe von Käfern (linke Seite) sowie der auch als »Stinkvogel« bezeichnete Hoatzin (rechts).

DAS KRONENDACH, EINE UNBEKANNTE WELT

Der Regenwald ist eine eigene Welt jenseits unserer Welt. Bis vor wenigen Jahrzehnten ist außer einigen abenteuerlustigen Jägern niemand in dieses riesige Gebiet zwischen Himmel und Erde vorgedrungen. Biologen haben schließlich auf die unglaubliche Mannigfaltigkeit und Fülle in den Baumwipfeln des tropischen Regenwaldes hingewiesen: 70 bis 80 Prozent aller Lebewesen leben dort! Hier ist das Zentrum von Fauna und Flora unserer Erde.

45 Meter über der Bodenvegetation verschlägt es einem vor Überraschung fast den Atem: Ein Meer von Bäumen erstreckt sich unter dem weiten Himmel bis an den Horizont. Hier und da überragen einige Bäume wie Wächter den grünen Ozean.

Der Erdboden ist nur noch Erinnerung. Das Kronendach ist ein anderer, eher lebensfeindlicher Kosmos mit einer unerbittlich strahlenden Sonne und blendendem Licht, mit erstickender Hitze und einem schwer zu haltenden Gleichgewicht. Nur ein Gurtgeschirr, wie es auf dem Deck eines Segelschiffs auf hoher See üblich ist, kann hier jeden Schritt sichern. Kletterer und Architekten ermöglichten den Wissenschaftlern ihre Arbeit, denn sie haben immer leichtere und schmalere Arbeits- und Fluggeräte entwickelt, um behutsam diese unbekannte Welt zu erforschen.

Um die Mittagszeit gibt es kein einziges schattiges Plätzchen mehr. Die Vegetation scheint die Sonnenenergie buchstäblich zu trinken. Blumen und Früchte sind überreichlich vorhanden und dienen vielen Tieren als Nahrung: den Vögeln, Affen, Insekten und Fledermäusen und noch vielen anderen Tierarten, von denen wir überhaupt nicht wissen, auf welche Weise ihr Zusammenleben bei Tag und bei Nacht abläuft. Die Bäume bilden seltsamerweise kein zusammenhängendes Dach, denn ihre Zweige berühren sich nicht. Jeder Baum hält geflissentlich Abstand zu seinen Nachbarn. Dieses erstaunliche »Taktgefühl« stellt die Botaniker vor ein Rätsel. Sie vermuten, dass die Bäume mit diesem Sicherheitsabstand eine Ansteckung durch Mikroben und Bakterien sowie das Eindringen von Schädlingen wie Ameisen und Raupen vermeiden.

Besitzen die Bäume also ein »Bewusstsein« ihres Lebensraums und teilen es den anderen mit? Der Regenwald mit seinem Kronendach wirft zwangsläufig die Frage auf, wie Bäume ihre Umwelt wahrnehmen können, und er bringt unsere bisherigen Vorstellungen über die Welt der Pflanzen ins Wanken.

Ein Donnergrollen unterbricht diese Überlegungen. Die unscheinbaren weißen Wolken, die den Horizont säumten, haben sich urplötzlich in eine sich bedrohlich nähernde, dunkle Wand verwandelt. Der Passatwind weht heftig. Schlagartig wird es dunkel. Ein ohrenbetäubendes Krachen bringt die Vögel zum Verstummen: Schwere Regentropfen prallen zu Tausenden auf das Blätterdach, und es tönt wie Geschützlärm.

Eine belebende Frische erfüllt die Luft. Schon ziehen sich die Wolken zurück. Der Wind lässt nach. Das Kronendach glänzt wieder im Sonnenlicht, und im grünen Wipfelmeer erwacht aufs Neue das Leben.

Hier und da überragen einige Bäume wie Wächter den grünen Ozean.

DIE SCHWINGEN DES WALDES

Der Regenwald ist vom Stimmengewirr der Vögel erfüllt. Sie zeigen sich mit ihrem farbenprächtigen Gefieder oder bleiben verborgen. Es gibt Hunderte von Vogelarten, von denen jede ihre ganz eigene Art hat, sich zu ernähren, zu verstecken, sich zu paaren und fortzupflanzen.

Im Kronendach summen die Insekten. Blumen, Früchte und Samen gibt es hier in Fülle, und dieses Nahrungsangebot zieht viele Arten an, vom winzigen, zwei Gramm leichten Kolibri bis zu den mehrere Kilogramm schweren Raubvögeln. Einige Raubvögel wie der Bussard oder der Milan verfolgen die von Baum zu Baum hangelnden Affenhorden, weil diese dabei Insekten und Eidechsen aufschrecken, die so eine leichte Beute der Vögel werden.

Jede Vogelart besetzt eine eigene ökologische Nische. Der Rotkehlkarakara hat es vor allem auf Wespennester abgesehen, der Rotbrustfalke auf Fledermäuse und Papageien.

Viele Tierarten leben von Früchten und Samen. Papageien zermahlen beim Fressen die Samenkörner mit ihrem starken Unterschnabel, während die Tukane, die Kotingas und Tauben sich mit Fruchtfleisch begnügen. Die in ihren Ausscheidungen enthaltenen Samenkörner können deshalb keimen. Sie spielen bei der Regeneration des Regenwaldes eine wichtige Rolle.

In den unteren Stockwerken des Regenwaldes wird das Licht schwächer, und das Gefieder der Vögel ist farbloser, um sich besser an die Umwelt anzupassen. Vögel mit glänzendem Gefieder sind weniger aktiv und bleiben lange Zeit unbeweglich sitzen, um nicht entdeckt zu werden. Manche Vögel suchen Nahrung in den Hohlräumen von Bäumen und an der Unterseite der Rinde, andere schauen in der Waldstreu nach oder untersuchen genauestens jeden Zweig und jedes Blatt.

Viele Sperlingsarten finden sich zu Schwärmen zusammen und fliegen mit lautem Kreischen und schwirrendem Flügelschlag durch den Regenwald. Mit dieser Strategie sollen die Insekten aus ihrem Versteck getrieben werden.

HAARFEINE SCHUPPEN

Es überrascht nicht, dass die Schmetterlinge vor allem im Kronendach mit seiner Blütenfülle hervorragend gedeihen. Ihr farbenprächtiger Schmuck ist wie eine Sprache, die es zu entziffern gilt, und er macht sie zu den attraktivsten Insekten überhaupt. Die Farben entstehen durch den Schmetterlingsstaub, der aber in Wirklichkeit aus flachen, feinen Haaren, den Schuppen, besteht. Unter dem Mikroskop zeigt sich ihre regelmäßige Anordnung. Das Licht bricht sich in ihnen und bewirkt den irisierenden Farbeindruck der Flügel.

Die Männchen locken mit ihren leuchtenden Farben natürlich die Weibchen an, um sie bei der Balz zur Paarung aufzufordern. Dabei müssen sie auch ihr Territorium verteidigen. Die meiste Zeit und Energie benötigen sie aber für die Nahrungssuche. Schmetterlinge fliegen nie geradeaus, entweder pendeln sie

Zu den als gefährdet eingestuften Vogelarten des Regenwaldes gehört der Karunkelhokko *(Crax globulosa)*, ein Hühnervogel, den man selten sieht, aber umso deutlicher hören kann. Der Hahn imponiert mit seiner auffälligen Lockenfrisur.

TAUSENDE UND ABERTAUSENDE SAMENKÖRNER

Von allen Stockwerken des Regenwaldes fallen nach der Nahrungsaufnahme Tausende und Abertausende Samenkörner auf den Boden in die Waldstreu. Jährlich sind das pro Quadratmeter schätzungsweise 400 Körner. Im Halbdunkel beginnt für sie eine Ruhezeit, die manchmal viele Jahre dauern kann, bis ein Baum umfällt und dadurch eine Lichtung schafft. Das in das Unterholz vordringende Licht ist das Signal, jetzt zu keimen und den Wettlauf zur Sonne zu beginnen.

Der Regenwald ist vom Stimmengewirr verborgener oder auffällig farbenprächtiger Vögel erfüllt.

DER SPEKTAKULÄRE BLAUE MORPHOFALTER

Sein Name bedeutet »schön« im Griechischen. Flussufer mit vielen Blumen sind sein bevorzugtes Revier, und das verteidigt er sehr aggressiv. Das Männchen ist erstaunlich groß (eine Flügelspannweite zwischen 12 und 20 Zentimetern) und fasziniert durch seine unglaublich metallblau schimmernde Farbe. Deshalb wird ein intensiver Handel mit ihm betrieben, nicht aber mit dem Weibchen, weil es von blasser Farbe ist. Die Raupe des Morphofalters ist ebenfalls sehr bunt. Zu ihrer Verteidigung verfügt sie über Brennhaare am Körper und verbreitet einen widerlichen Geruch.

Schmetterlinge versammeln sich gern an Stellen, an denen es Mineralsalze gibt (oben). Auf der folgenden Doppelseite erhebt sich ein Schwarm Keilschwanzsittiche in die Lüfte.

hin und her oder sie fliegen in Schleifen, um so am besten Gerüche zu entdecken, manchmal schon aus einer Entfernung von mehreren hundert Metern. Manche Schmetterlinge haben keine Mundwerkzeuge. Sie leben dann von den Fettreserven aus dem Raupenstadium. Der Schwärmer(*Amphimoea walkeri*) besitzt mit 30 Zentimeter den längsten Saugrüssel, er kann damit den Nektar von Blumen mit dem tiefsten Blütenkelch erreichen.
Wie es in der Tierwelt üblich ist, gibt es sowohl Schmetterlinge, die blass bleiben wollen, um ihren Fressfeinden nicht aufzufallen, als auch andere, die mit ihren leuchtenden Farben signalisieren, dass sie giftig sind. Täuschungsmanöver gibt es auch bei den Schmetterlingen. Die perfekte Imitation einer giftigen Art ist eine Lebensversicherung. Die Mimikry wird daher eifrig betrieben. Weit weg vom Kopf tragen die Flügel falsche Augen, um Feinde zu überlisten. Zwei Vorsichtsmaßnahme sind besser als eine: Die kleinen Schmetterlinge der Familie *Ctenuchidae* sind giftig und verkleiden sich zusätzlich noch als Wespen.
In Amazonien sind die Raupen genauso schön wie die erwachsenen Schmetterlinge und noch viel seltsamer. Einige Exemplare sind mit langen Haaren bedeckt, die leuchtend rot, weiß oder rosa sind und mit dieser Farbenpracht an den berühmten Karneval erinnern.

SCHMETTERLINGSFLÜGEL BESTEHEN AUS FEINEN SCHUPPEN. DAS LICHT BRICHT SICH IN IHNEN UND BEWIRKT DEN IRISIERENDEN FARBEINDRUCK.

PAPAGEIEN MIT GNADENFRIST

Papageien sollen mit ihrem Flug Christoph Kolumbus den Weg gewiesen haben. Die Geschichte ist vielleicht zu schön, um wahr zu sein, aber sie stimmt uns nachdenklich: Wird es unseren Kindern und Enkeln noch vergönnt sein, bei Sonnenuntergang ein solch großartiges Schauspiel zu bewundern? Von den 350 Papageienarten sind viele vom Aussterben bedroht.

Die außergewöhnlichen Vögel fesseln natürlich durch ihre Farbenpracht und ihre Fähigkeit zu »sprechen«. Aber sie besitzen noch weitere auffällige Merkmale. Ihre Füße sind eigentlich Greiffüße. Die erste und vierte Zehe zeigt nach hinten, die zweite und dritte Zehe nach vorne. Diese *zygodaktyl* genannte Fußform sichert einen bemerkenswert stabilen Sitz auf einem Ast und zwar in jeder Position, auch dann, wenn der Kopf nach unten hängt.

Der Schnabel des Papageis ist ein erstaunliches Werkzeug von präziser Mechanik und unverwüstlicher Robustheit. Ober -und Unterkiefer sind beweglich und haben sehr harte gestreifte Hornlamellen. Auch Obst mit sehr glatter Schale fällt nicht aus dieser Zange heraus, die selbst die härteste Nuss knackt. Der Papagei feilt zunächst die Nuss an einer Stelle ab und verstärkt dann mit seinem Schnabel den Druck an dieser dünner gewordenen Seite, um die Schale aufzubrechen. Eine unvergleichliche Technik!

Der Schnabel dient auch als dritter Fuß, der die akrobatischen Fertigkeiten der beiden anderen noch verstärkt und vor allem beim Klettern eingesetzt wird.

In vieler Hinsicht zeigen Papageien Gemeinsamkeiten mit Affen. Sie haben Greiffüße und einen Schnabel, der wie der Greifschwanz des

Oben die Rotschwanzamazone *(Amazona brasilensis)* im Südosten von Brasilien; rechts der Fächerpapagei *(Deroptyus accipitrinus)*.

Oben der Lear-Ara *(Anodorhynchus leari)*, der nur noch im Bundesstaat Pará vorkommt, links der Rostkappenpapagei *(Pionites leucogaster)*.

Mit den Papageien wird ein so intensiver Handel betrieben, dass fast alle Arten in Gefahr sind.

Affen als weitere Hand eingesetzt wird. Auch die Nahrung – Früchte und Samen des Kronendachs – stimmt oft überein. Natürlich sind sie Konkurrenten. Aber die Aras des tropischen Regenwaldes wissen sich gut zu behaupten. Sie fressen manche Samenarten, bevor sie reif und wenn sie noch schwer verdaulich sind. Aber bevor sie zugreifen, kleiden sie ihren Magen sorgfältig mit Lehm aus, den sie am Flussufer finden. Es bleibt fraglich, ob das nun eine bewusst gewählte Strategie ist, um den Affen zuvorzukommen.

Mit den schönsten und auffälligsten Papageienarten, insbesondere den Aras, wird ein solch intensiver Handel betrieben, dass mittlerweile fast alle Papageien in ihrem natürlichen Lebensraum vom Aussterben bedroht sind. In Amazonien sollen Aufklärungskampagnen bei den Indiostämmen dafür sorgen, dass sie weniger Papageien für ihren Federschmuck fangen. Das ist eine heikle Aufgabe, weil einerseits indigene Völker mit ihrer Kultur zu schützen sind, sie andererseits aber einen Verzicht auf gewisse Traditionen leisten sollen.

DIE TRISTE STIMMUNG DES BLAUARAS

Der kobaltblaue Hyazinth-Ara (*Anodorhynchus hyacinthinus*) war in Brasilien in den 1980er-Jahren Objekt eines entfesselten Marktes. Jedes Jahr gerieten bis zu 10 000 Papageien in Gefangenschaft. Zu der bedrohlichen Situation kamen außerdem die Jagd und die Zerstörung des Lebensraumes hinzu. Heute gibt es nur noch rund 6500 Exemplare, von denen 5000 im südamerikanischen Pantanal leben, einem der größten Binnenland-Feuchtgebiete der Erde. Hier ist der Vogel geschützt, sodass seine Bestände wieder zunehmen.

DISKUSSION UM EINEN SCHNABEL

Tukane sind die Stars im Regenwald, und von ihrem riesigen Schnabel redet alle Welt. Wozu dient ein solcher Apparat, der manchmal genauso lang wie der Körper und mit seinem Gelb, Grün, Rot, Blau, Schwarz und einem dunklen Fleck an der Schnabelspitze genauso bunt ist wie sein Gefieder? Die Wissenschaftler suchen bei allem nach einer Erklärung und vergessen vielleicht, dass sich die Natur oft fantasievolle, aber unnötige Formen erlaubt, die bleiben, sofern sie nicht ein Tier dauerhaft beeinträchtigen.

Darwin glaubte, dass der Schnabel den Männchen helfen sollte, den Weibchen zu imponieren. Da diese aber den gleichen Schnabel haben, kann das Argument nicht recht überzeugen.

Der eindrucksvolle Schnabel scheint den Tukan beim Fliegen zu behindern. Er flattert mit seinen kurzen Flügeln, gleitet ein wenig umher und wird anscheinend durch sein Gewicht auf den Boden gedrückt. Der Schnabel hilft vor allem bei der Suche nach Früchten, die weit außen am Ast hängen. Aber ein Traumwerkzeug, um kleine Beeren einzeln zu greifen, ist er nicht. Durch eine ruckartige Bewegung seines Kopfes nach oben befördert der Tukan die Beeren aus der Schnabelspitze in den Schlund. Er jagt auch Insekten, Spinnen sowie wirbellose Tiere und plündert Vogelnester. Der Tukan neckt gerne seine Umgebung und versucht spielerisch, mit seinem Schnabel Artgenossen vom Ast zu stoßen. Man hat sogar beobachtet, wie er Samenkörner in die Luft warf, die dann ein Spielkamerad im Flug erhaschte.

Was also soll der Schnabel? Ein brasilianischer Ingenieur wollte wissen, wie der Tukan mit diesem Gewicht zurechtkommt. Er untersuchte die Struktur des Schnabels unter dem Mikroskop und stellte eine erstaunliche Komplexität fest. Die Schnabeloberfläche besteht aus einer Schicht Keratinplättchen, die sich überlappen und eine poröse Knochenstruktur umkleiden – ein solides und federleichtes Werkzeug!

DER SCHNABEL ALS KLIMAANLAGE

Erst 2009 konnte ein Wissenschaftler der Universität Toronto (Kanada) eine ziemlich bestechende Erklärung zur Funktion des Tukanschnabels vorlegen. Er entdeckte im Schnabel ein dichtes Netzwerk aus Blutgefäßen. Mit einer Infrarotkamera zeigte er, dass der Tukan in der Lage ist, über das Blut im Schnabel seine Körperwärme kontrolliert an die Luft abzugeben, so wie es der Elefant über seine Ohren macht.

Der Riesentukan *(Ramphastos toco)* ist der größte Vertreter der Tukan-Familie.

IM SPIEL VON LICHT UND SCHATTEN

Der tropische Regenwald ist eine Bühne von Licht und Schatten, Pflanzen und Tiere sind die Schauspieler. Sie spielen im Licht der Scheinwerfer und Strahler wie im Theater, und jeder möchte die schönste Rolle bekommen. Also Vorhang auf und Bühne frei für das Kronendach!

Die Strahlkraft der Sonne kommt dem Kronendach zu 100 Prozent zugute. Hier treten die Stars auf: Blumen, Vögel und Schmetterlinge, die in allen Farben glänzen. Sie möchten gerne gesehen, bewundert und vergöttert werden. Zieht eine Wolke vorbei, fällt der Vorhang. Das Licht scheint nur noch halb so stark, als betätige jemand den Dimmer einer Stehlampe. Das rote, gelbe, grüne und blaue Feuerwerk verliert plötzlich an Intensität und wird glanzlos. Doch schon entfernt sich die Wolke, und der farbige Glanz setzt wieder ein. Beim Abstieg zum Boden wird die Lichtstärke nach und nach schwächer, denn auch die Vegetation schluckt das Licht der Sonne. Es ist, als ob man Filter vor die Scheinwerfer setzen würde, um gedämpftes Licht für eine weichere Stimmung zu erreichen. Auf jedem Stockwerk nimmt das Licht ab wie bei einem Tauchgang im Meer, bei dem zuerst das Rot, dann das Gelb und das Grün verschwinden, bis nur noch das Blau zu sehen ist. Im Regenwald hüllt die Vegetation den Schatten in ein Grün. Zum Boden selbst dringen nur ein bis zwei Prozent des vom Kronendach einfallenden Lichts. Das bedeutet für die ganz unten lebenden Bewohner, dass sie in dieser Hinsicht kein Glück haben. Für sie gibt es weder Lichtreflexe, die in den Regenbogenfarben schillern, noch schimmernde Kleider. Sie sind dunkel gekleidet. In der Nacht sind bekanntlich alle Katzen grau.

Manchmal wird es auch im Unterholz hell. Ein Scheinwerferlicht belebt plötzlich die Finsternis, denn ein Sonnenstrahl dringt bis auf den Erdboden vor. Ein alter Baum fiel um und hat vorübergehend eine Lichtung in dem Gewirr der Pflanzen geschaffen. Ein schöner Fleck in Gelb und Orange bringt das dürre Laub zum Leuchten.

Dieser helle Spalt muss schnell genutzt werden. Kaltblüter wärmen sich auf, Vogelmännchen stolzieren einher in der Hoffnung, hier ihre Lebenspartnerin zu finden, und die Pflanzen im Unterholz, die sich nach Licht sehnen, beschleunigen ihr Wachstum in diesem magischen Zirkel. Und bald werden sie den Schauplatz wieder ins Dunkel tauchen.

DIE BALZ DES ROTEN FELSENHAHNS

Die männlichen Exemplare des Roten Felsenhahns besitzen ein prächtiges scharlachrotes Gefieder und verbringen die meiste Zeit in dem Gebiet, wo sie auch ihre Balz ausführen. Sie versammeln sich dort in großer Zahl. Es ist eine möglichst helle Lichtung, damit das Gefieder gut zur Geltung kommt. Die Weibchen gesellen sich dazu. Alle Tiere bereichern mit ihren Ausscheidungen diesen Raum, der zu einem echten Garten wird, in dem die Samen der Pflanzen wachsen, die sie als Nahrung zu sich genommen haben. Später wird aus diesem Garten ein Wald.

MIMIKRY ALS LEBENSKUNST

Mimikry im weiteren Sinne – auch Mimese genannt – ist die Fähigkeit, Farben und Formen der Umwelt täuschend echt nachzuahmen. Zahlreiche Arten sind dazu imstande: die Laub- und die Stabheuschrecke, die Gottesanbeterin, viele Tag- und Nachtfalter, Spinnen, Schlangen, Frösche, Eidechsen, Vögel und sogar der Jaguar und der Ozelot. Manchmal geht die Tarnung extrem weit. Dann sieht ein Tier aus wie ein dürres, halb angeknabbertes Blatt, das auch noch mit Vogelkot beschmiert ist. Oder es gleicht einem Zweig, einem Holzstück, das mit Moos bewachsen ist oder eine farbige Rinde trägt. Selbst wenn man direkt davor steht, ist das Tier nicht zu erkennen, und das ist seine Absicht, denn es will nicht zur Beute werden.
Wie ist den Tieren eine solche Perfektion möglich? Haben sie eine bestimmte Strategie oder ein unglaubliches Talent? Nein, aber sie haben eine evolutionäre Entwicklung durchgemacht, bei der Raubtiere über viele Generationen hinweg alle jene Tiere im Lauf der Zeit beseitigt haben, die es bei der Tarnung nicht zu Spitzenleistungen brachten. Nur die besten Zauberkünstler konnten überleben.
Dadurch hatten es die Raubtiere immer schwerer. Behauptet haben sich solche Tiere, die ihre Jagdstrategie im Kampf um die Nahrung verbessert haben, die ihre Sehkraft schärften und noch den zartesten Geruch und die geringste Bewegung wahrnehmen konnten. Die Natur, ein Labor in ständiger Entwicklung, hat ihnen sogar bei der Verbesserung der eigenen Tarnung geholfen, damit sie sich ungesehen ihrer Beute nähern können.
Mimikry im engeren Sinne bedeutet die Nachahmung einer giftigen Tier- oder Pflanzenart,

um dadurch anderen Tieren Angst einzujagen. Ein englischer Forscher hatte im 19. Jahrhundert bei seinen Beobachtungen an Schmetterlingen des amazonischen Regenwaldes entdeckt, dass harmlose Schmetterlinge andere, aber giftige Schmetterlinge nachahmten. So ahmt die Dreiecksnatter die schwarzen und roten Ringe der echten Korallenotter nach, um nicht gefressen zu werden.
Die Welt der Natur ist auch eine Welt des Betrugs, in der alle Mittel erlaubt sind, um sich den Bauch zu füllen und zu überleben.

RITTER IN RÜSTUNGEN

Wie viele Insektenarten gibt es im amazonischen Regenwald? Vor 30 Jahren zählte der Insektenforscher Terry Erwin auf einem einzigen Baum in Panama 41 000 Arten von Gliederfüßlern (überwiegend Insekten). Er folgerte daraus, dass es auf der ganzen Welt statt der bisher geschätzten 1,5 Millionen etwas 30 Millionen Arten geben könnte. Heute stützt man sich auf viel realistischere Zahlen. Bislang wurden 1 Million Arten erfasst, darunter 80 000 in Amazonien, wo es noch viel zu entdecken gilt.

Meister der Mimikry: links oben die Spixnachtschwalbe *(Nyctipolus hirundinaceus)*, oben eine Laubheuschrecke.

EIN HÜBSCHES KLEINES BLATT

Das ist ein hübsches kleines Blatt in zartem Grün. Die feinsten Blattadern sind bis in die letzten Einzelheiten deutlich zu sehen, ebenso der etwas blassere Blattstiel voller Saft. Um das Abfließen des Wassers zu erleichtern, läuft das Blattende wie bei allen Blättern des Regenwaldes spitz zu. Das Blatt ist mit kleinen braunen Flecken, dem Fliegenkot, übersät. Es bewegt sich leicht, ein Windhauch lässt es erzittern. Dieses Blatt ist ein Insekt: eine Laubheuschrecke.

Links und die folgenden zwei Seiten: Die Käfer gehören zur Klasse der Insekten und weisen die meisten Arten auf. Was wie ein Blatt aussieht, ist in Wahrheit eine Heuschrecke, die sich nur im Laub aufhält.

DIM EXISTIERT TATSÄCHLICH!

Bei den Nashornkäfern trägt das Männchen ein langes Horn auf dem Kopf, um seine Rivalen im Kampf um die Weibchen auszustechen. In dem Film *Das große Krabbeln* von Walt Disney ist das Horn des blauen Nashornkäfers Dim an seinem Ansatz so breit, dass es beinahe den ganzen Kopf umfasst. In der Natur war eine solche Form bislang unbekannt. Einige Jahre nach dem Kinostart des Films wurde in Peru ein Exemplar von auffallender Ähnlichkeit mit Dim entdeckt. Die Natur hat schon alles erfunden – oder fast alles ...

Die Insekten von Amazonien, diese funkelnden Käfer, Blattheuschrecken und leuchtenden Morphofalter, diese Spitzkopfzikaden mit ihrer ungewöhnlichen Form, die wie Kirchenfenster bunten Singzikaden und die in allen Farben schillernden Libellen – sie gleichen Kriegern im Harnisch, marschierenden Legionen, kostbaren, im Sonnenlicht glänzenden Schmuckstücken. Sie sind eine Zierde ihrer Art, mittelalterlichen Wappen und Ritteremblemen ähnlich, mythische Ungeheuer in Miniaturausgabe.

Insekten, die in Kolonien leben, gibt es aber auch noch. Sie nehmen einen einzigartigen Platz im Ökosystem ein. Ameisen und Termiten stellen allein zwei Drittel der tierischen Biomasse im amazonischen Regenwald. Auf ein paar Hektar Wald leben mehr Arten als in ganz Europa! Ihnen kommt eine entscheidende ökologische Rolle bei der Wiederverwertung von Nährstoffen zu, von denen die ganze Nahrungskette abhängt.

Es verwundert deshalb nicht, dass die indigenen Völker seit Urzeiten diesen Tieren ihren Respekt entgegenbrachten. Die Indios unterstreichen damit nur ihre außerordentliche ökologische Kenntnis ihres Lebensraumes. Der Ethnologe und Insektenforscher Darrell A. Posey untersuchte ein Leben lang das Verhältnis der Kayapó-Indios zu den Insekten. Für dieses Volk sind Insekten keine Schädlinge, sondern spielen eine entscheidende Rolle in der Natur. Die gefürchtete Ameisengattung *Atta* verhindert im Regenwald praktisch jeden Anbau. Für die Kayapó ist das kein Problem: Sie bekämpfen diese Gattung, indem sie andere Ameisen gegen sie einsetzen, oder sie bauen abschreckende Pflanzen und Bäume rings um ihre Felder an, um sie fernzuhalten.

Als Heilmittel haben die Insekten bei ihnen einen sehr hohen Stellenwert: Termiten zum Inhalieren oder als Tee für Atemwegserkrankungen, Magengeschwüre und Furunkel, Kakerlaken gegen Alkoholismus, Asthma und Zahnweh, Wespen als Mittel gegen Magenbeschwerden, Brandwunden und Spinnenstiche.

In zahlreichen Stämmen stellt die Ameisen-Folter einen Initiationsritus dar, der zu den Höhepunkten im Leben eines Indios zählt. Junge Männer und Frauen müssen sich den Stichen der schrecklichen 24-Stunden-Ameisen aussetzen. Das gilt als Mutprobe, aber noch stärker dient dieses Ritual dazu, die Lebenskraft des Stammes zu erneuern, jene Kraft, die alle Lebewesen im amazonischen Regenwald vereint.

Die Lianenschlange (vorhergehende Doppelseite): ist ebenso hochgiftig wie der Südamerikanische Buschmeister (oben), eine der größten Giftschlangen Amerikas. Die Anaconda (rechte Seite oben) jagt vorwiegend im Wasser und erstickt und ertränkt die Beute. Unten eine Lanzenotter *(Bothrops alternatus)* aus den Wäldern im Südosten Brasiliens. Auf den folgenden Seiten eine junge Grüne Hundskopfboa und rechts unten verkleinert eine ausgewachsene Hundskopfboa.

WECHSELWARME TIERE

Die Schlange ist ein Sinnesorgan, das sich bewegt. Ihr ganzer Körper, von der Zungenspitze bis zu den kleinsten Schuppen, lauert auf subtilste Gerüche, auf kaum wahrnehmbare Luftbewegungen und feinste Schwankungen in der Umgebung. Sie schlängelt sich durch die dichteste Vegetation, wird spielend mit allen Hindernissen fertig und kann graben, gleiten, klettern, springen und tauchen. Sie verharrt stundenlang unsichtbar und unauffindbar in völliger Regungslosigkeit, um sich im geeigneten Moment auf ihr Opfer zu stürzen.

Brasilianische Wissenschaftler haben eine Studie über die Schlangen im Regenwald in der Gegend von Manaus vorgelegt. Sie bestätigt die versteckte Lebensweise von Schlangen. Die Forscher haben 65 Schlangenarten nachgewiesen, von denen 42 Prozent auf dem Boden und 30 Prozent unterirdisch leben, 20 Prozent halten sich auf Bäumen auf und 6 Prozent im Wasser. 41 Prozent sind tagaktiv, 13 Prozent nachtaktiv, und alle übrigen sind tag- und nachtaktiv. 58 Prozent fressen Eidechsen, 39 Prozent Frösche, 23 Prozent Säugetiere, 18 Prozent Vögel und 6 Prozent andere Schlangen.

Gegenwärtig kennt man 2500 Schlangenarten auf der Erde, von denen ein großer Teil in den tropischen Regionen lebt. Schlangen sind ausnahmslos Raubtiere, keine einzige ernährt sich

Das Schlangengift kann zu Lähmungen führen, zu Blutverklumpungen und inneren Blutungen, sogar zu Herzstillstand.

von Pflanzen. Nur ein Fünftel von ihnen sind giftig. Im amazonischen Regenwald sind es aber fast die Hälfte.

Das Schlangengift ist das Ergebnis einer Jahrmillionen dauernden Evolution. Es ist eine komplexe Mischung aus Dutzenden, ja Hunderten von Giftstoffen, die sich mehrfach auswirken können in Form einer Lähmung des Nervensystems, in Schädigungen von Geweben und Zellen, in Blutverklumpungen und inneren Blutungen, sogar in einem Herzstillstand.

Die Schlange kaut ihre Beute nicht, sie verschlingt sie mit Haut und Haar. Die im Gift enthaltenen chemischen Substanzen greifen das Gewebe des Opfers an und beschleunigen den Verdauungsprozess, der schnell ablaufen muss. Das ist vor allem in einem heißen Klima notwendig, damit sich die Beute nicht im Bauch der Schlange zersetzt und diese vergiftet.

Das tödliche Gift ist aber auch ein Hoffnungsträger für die Medizin. Die zahlreichen Giftstoffe betreffen gerade solche Moleküle, die bei der Behandlung gewisser Krankheiten eine wichtige Rolle spielen. Viele Labors haben mit der Erforschung dieser Stoffe eine gigantische Aufgabe in Angriff genommen. Bisher wurden annähernd tausend Giftstoffe nachgewiesen. Aus dem Gift der Jararaca-Lanzenotter (*Bothrops jararaca*), die bei den Opfern einen plötzlichen Blutdruckabfall hervorruft, wurde ein Medikament gegen den Bluthochdruck entwickelt.

HÄNGENDE GÄRTEN

Zwischen Himmel und Erde ist ein noch wenig erforschtes Ökosystem entstanden. Das ist das Reich von Pflanzen, die auf den Zweigen der Bäume siedeln und dort wachsen. Das sind Aufsitzerpflanzen, die sogenannten Epiphyten. Dazu gehören Moose, Flechten, Farne, Orchideen, Kakteen und Bromeliengewächse. Es wird geschätzt, dass sie ein Viertel aller im Regenwald vorhandenen Arten ausmachen.

Zwischen dem Boden und den Baumkronen entwickelt sich ein üppiger, natürlicher Lebensraum, wo es eigentlich nur Baumstämme und nackte Äste geben sollte. Die Epiphyten mussten sich anpassen, um so weit weg vom Erdboden leben zu können. Sie bildeten zunächst ein kräftiges Wurzelgeflecht aus, um einen festen Halt am Wirtsbaum zu bekommen. Mit ihren Luftwurzeln fangen sie für ihre Ernährung auch noch den winzigsten Krümel und das kleinste dürre Blatt ein und ziehen Wasser aus der Luftfeuchtigkeit.

Solche Pflanzen sind keine Parasiten, weil sie aus dem Wirtsbaum keine Nahrung entnehmen. Dennoch sind sie Konkurrenten für ihn, weil sie das Licht abfangen und einen Teil der verfügbaren Nahrung für sich abzweigen.

Ein solch hängender Garten verführt seine Besucher. Die Blumen der Epiphyten locken die bestäubenden Insekten an, die fürs Fortpflanzen unerlässlich sind. Einige Arten finden dort Unterkunft und Verpflegung und lassen sich dann nieder. So laichen Frösche in Mikroteichen, die hier oben ständig entstehen. Sogar Krabben und eine Fischart wurden entdeckt. Hier leben auch zahllose Insekten, die Nagetiere, Eidechsen und Vögel anziehen, die ihrerseits die Beute für Raubtiere, Schlangen und Affen sind.

Manche Epiphyten gehen eine Symbiose mit Pilzen und Bakterien ein, wobei jeder dem anderen Nahrung gibt. Die Baumameisen bauen ihr Nest aus Pflanzenresten in den Zweigen der Bäume. Diese Ameisengärten sind reich an Samen, die beim Keimen einen Garten aus Epiphyten hervorbringen, der dann den Ameisenstaat ernährt.

Jahr für Jahr wachsen und gedeihen die Epiphyten und bringen ständig eine Vielfalt an neuen Arten hervor. Auf den Zweigen kann

Auf der folgenden Seite oben der Weißrand-Laubfrosch *(Hypsiboas albomarginatus)* und unten der Kolbenfinger-Laubfrosch *(Hypsiboas faber)*.

HÄNGENDE AQUARIEN

Die sich überlappenden Blätter der Bromelien bilden einen dichten Trichter, in dem sich Wasser sammelt. Algen und Mikroorganismen leben dort und bilden die Nahrung für Frösche, Salamander, Molche und Insekten, die ihrerseits zur Beute von Eidechsen, Schlangen, Vögeln und Spinnen werden. Eine große Anzahl von Bienen, Wespen, Fliegen, Schmetterlingen und Vögeln suchen die Bromelien auf, sammeln hier den Nektar und tragen so zu ihrer Arterhaltung bei.

FRÖSCHE AUF DEN BÄUMEN

Die kleinen, im Waldstreu des Regenwaldes lebenden Frösche können mit ihrer Nachkommenschaft als Larven auf dem Rücken einen Baum hinaufklettern und sie in 20 Metern Höhe in einer Art Aquarium, einer sogenannten »Dendrotelme«, niederlegen. Man vermutet, dass sie erst lauschen, ob in der Höhe Frösche quaken, um nicht umsonst hinaufzuklettern.

diese Vegetation ein Gewicht von mehreren Tonnen erreichen. Unter einer solchen Last können auch die größten Äste brechen.

BROMELIENGEWÄCHSE, TÖCHTER DER LUFT

Die Bromelien geben der Spitze des tropischen Regenwaldes ein farbenprächtiges Aussehen als leuchtende hängende Gärten. Sie umfassen ungefähr 3000 bekannte Arten, aber viele davon sind noch nicht identifiziert.

Auf seiner zweiten Amerikareise soll Kolumbus die erste Bromelie auf der Antilleninsel Guadeloupe entdeckt haben. Es war die von den Kariben angebaute Ananas. Die Frucht kam zuerst an den spanischen Hof von Isabella der Katholischen und verbreitete sich dann schnell über ganz Europa. Könige und Fürsten gaben ein Vermögen aus für diese Frucht, die nur schwer aus Amerika zu beschaffen war. Bei Festbanketten war sie der Mittelpunkt. Sie schmückt die Eingangsportale der Schlösser und verziert Geschirr, Keramiken und Wandteppiche.

Die Ananas als berühmteste Erdbromelie ist eine der seltenen essbaren Bromelien. Doch der wirkliche Erfolg der Bromelien liegt woanders. Sie haben im Laufe der Zeit eine unglaubliche Vielfalt entwickelt. Sie trotzen größter Hitze und größter Kälte, halten das trockenste Klima und eine Luftfeuchtigkeit von 100 Prozent aus. Für die seltensten Exemplare, die so teuer wie Orchideen sind, greifen Liebhaber tief in die Tasche. Von ihren Blütenständen in Form von roten, gelben, grünen und blauen Ähren geht eine unglaubliche Faszination aus. Bromelien blühen nur einmal in ihrem Leben, doch ihre Ableger blühen ebenfalls. Einige wachsen am Boden und sogar auf Felsen, aber die meisten sind Epiphyten, die auf Bäumen leben und sich mit kräftigen Wurzeln an der Rinde der Äste festklammern. Ihre Nahrung holen sie sich über Blätter und Trichter aus den Nährstoffen und der Feuchtigkeit der Luft. Deshalb werden sie auch »Töchter der Luft« genannt.

BROMELIEN BILDEN UNGLAUBLICHE BLÜTENSTÄNDE, ABER BLÜHEN NUR EINMAL IN IHREM LEBEN.

AUF BÄUMEN LEBEN

Wie kann man auf Bäumen leben, ohne jemals den Fuß auf den Erdboden zu setzen? Auf Bäumen, die mit ihren 30, 40 und 50 Metern so hoch sind wie Hochhäuser? Doch genau hier leben die meisten Neuweltaffen. Die Bäume haben im unteren Bereich kaum Äste, daher spielt sich das Leben im Kronendach ab, wo sie schlafen, fressen und ihre Jungen aufziehen.

DIE SPINNENAFFEN

Eine solche Existenz gleicht einem ständigen Drahtseilakt. Die Spinnenaffen sind mit ihren auffallend langen Armen und ihrem Greifschwanz ein gutes Beispiel für eine außergewöhnliche Anpassung an das Baumleben. Der Schwanz, der länger als der Körper ist, kann ihr Gewicht halten. Am Schwanzende ist eine haarlose Stelle, die den Halt an dem Ast noch zusätzlich verstärkt. Bei der Fortbewegung schlingen die Jungtiere ihren Schwanz um den der Mutter, denn Sicherheit geht vor!

Die Anpassung dieser Trapezkünstler geht aber noch viel weiter: Ihre überlangen Arme haben ein sehr bewegliches Schultergelenk, sodass Bewegungen in allen Richtungen möglich sind. Die von Natur aus gekrümmten Zehen halten sich an jedem Ast fest, wie dick er auch ist.

Die Affen haben ein geringes Gewicht, sodass sie die dünnsten Astspitzen erreichen können, wo sie vor den stämmigeren Raubtieren geschützt sind und Nahrung in Hülle und Fülle finden. Niemand beherrscht das dynamische Gleichgewicht so wie sie, die ständig in Bewegung sind. Ihre Stabilität verdanken sie der Geschwindigkeit, mit der sie von Ast zu Ast fliegen, und ihrem Schwinghangeln, bei dem beide Arme sich beim Ergreifen des Astes schwungvoll abwechseln, folgen schwindelerregende Sprünge in die Tiefe.

Sie müssen auch beim Laufen über eng verschlungene, abschüssige Äste ihr Gleichgewicht halten, dabei Hindernisse umgehen, Lücken vermeiden und den Weg erraten, weil

Der Rote Brüllaffe *(Alouatta seniculus)* und rechts der Spinnenaffe oder Rotgesichtklammeraffe *(Ateles paniscus)*: Sie gehören zu den Vorfahren des Menschen und haben das räumliche Sehen entwickelt, um sich besser in den Bäumen bewegen zu können.

EIN VIELSEITIGER SCHWANZ

Was für ein Werkzeug! Der vielseitige Schwanz, des Fabeltiers Marsupilami würdig, sichert die eigene Stabilität auf dem Ast, holt Früchte von den dünnsten Astspitzen und führt die Nahrung zum Mund, sodass die Hände frei sind. Die Zwergameisenbären, der Cuandu und zahlreiche Beuteltiere sind darin Meister, nicht aber die Tamarine, die Eichhörnchen und die Sakis.

eine dichte Vegetation die Sicht versperrt. All das geschieht Dutzende Meter über dem Boden, manchmal mit einem Jungtier auf dem Rücken und ohne Sicherheitsnetz wie im Zirkus. Wer hat aber schon einen Affen abstürzen sehen?

DAS AFFENVOLK

Ein plötzlich einsetzender ohrenbetäubender Krach signalisiert ihre Anwesenheit. Die Affen befreien das Laub von den Wassermengen, die sich nach den heftigen Niederschlägen in der Nacht angesammelt haben. Einige Äste in den Baumkronen bewegen sich. Schemenhaft sind Gestalten zu erkennen. Aber das ist auch schon alles. Wie soll man hier Bilder machen?

Die Affen im amazonischen Regenwald setzen sich aus Dutzenden von Arten zusammen: Krallenaffen, Kapuzineraffen, Brüllaffen, Wollaffen, Spinnenaffen, kleine Eichhörnchenaffen und winzigen Marmosetten. Große Affen wie in Afrika gibt es nicht, auch keine, die sich am Boden auf zwei Beinen bewegen. Alle sind Baumbewohner und verfügen über einen Greifschwanz, die berühmte fünfte Hand.

Die Affen in Amazonien hatten alle Zeit der Welt, um sich in ihrer Entwicklung deutlich von den Altweltaffen abzuheben. Über Millionen von Jahren ist Südamerika ein isolierter Inselkontinent gewesen, auf dem sich die Arten unabhängig vom Rest der Welt entwickelt haben. Die Flüsse haben den Kontinent in zahllose kleine Inseln geteilt, auf denen die Arten eine extrem verschiedenartige Vielfalt hervorgebracht haben. Der tropische Regenwald ist ein Archipel, der noch immer viele Geheimnisse birgt. Diese Affen weisen ein geringeres Entwicklungsniveau auf als die Altweltaffen. Forscher meinen, dass ihr Gehirn weniger ausgebildet sei. Gleichwohl können sie manchmal – wie die Kapuzineraffen – mit einem Werkzeug umgehen. Auch beherrschen sie das Schwinghangeln, die Kunst, mit einem unglaublichen Koordinations- und Gleichgewichtssinn wie schwerelos von einem Ast zum anderen zu fliegen. Nicht nur körperlich ist der Mensch dazu nicht in der Lage, auch sein in mancher Beziehung sehr träges Gehirn versagt hier.

Das Laub der über 40 Meter hohen Bäume bildet einen dichten Baldachin, der nur ein fahles Licht durchlässt. Hier wohnen die Affen. Am Morgen wärmen sie sich in der Sonne, fressen einige Blumen und Früchte, fahren plötzlich auf und verfolgen Insekten in einem Aufruhr ohnegleichen, sodass die Äste zu schwanken beginnen. Sie bewegen sich in Luftkorridoren, die sie mit ihrem Geruch markiert haben. Blätter und Früchte, Nüsse und Samen liegen auf diesen dreidimensionalen Wegen, die sie jeden Tag benutzen und sich dabei von einem unfehlbaren Navigationssystem leiten lassen: von ihrem kleinen Kopf!

Am Ufer von Flussläufen reicht der Baldachin bis zum Boden und bildet mit seinen ineinander verflochtenen Pflanzen einen dichten Vorhang voller Beeren und Nüssen. Eine Gruppe von Kapuzineraffen hangelt sich hinunter und macht für wenige Augenblicke einen Ausflug auf den Boden, um kurz die Lippen im Wasser zu benetzen. Und schon steigt die ganze Mannschaft wieder hinauf in ihr Himmelreich.

DAS FAULTIER, EIN LOB DER LANGSAMKEIT

Wer hat wohl diesem Tier einen derart abwertenden Namen verpasst? Mehr Respekt hätte es jedenfalls verdient, unabhängig davon, ob es nun je nach Art zwei oder drei Finger hat. Es ist perfekt an die Bäume des Regenwaldes angepasst und kommt mit ihnen besser zurecht als andere, gleich große Säugetiere.

Der Zweifarbentamarin *(Saguinus bicolor)*, links oben, gehört zu den gefährdetsten Primaten von Amazonien. Darunter das Löwenäffchen. Auch der Schwarze Saki oder Satansaffe *(Chiropotes satanas)* ist den Eingriffen des Menschen in seinem Lebensraum ausgesetzt.

Faultiere in ihrem natürlichen Habitat (oben und rechte Seite). Sie gelten als nicht gefährdet – im Gegensatz zum Braunen Wollaffen *(Lagothrix lagotricha)*, der vom Aussterben bedroht ist (folgende Doppelseite).

Zuerst ein kurzer Blick auf sein Äußeres: Das Faultier hat einen schweren Körper und dichtes Fell mit langen, strohigen Haaren. Sein kleiner Kopf zeigt eine abgeflachte Nase. Die langen, kräftigen Arme haben an Fingern und Zehen sichelförmige Klauen, die sicheren Halt in den Ästen geben. Das Faultier benutzt sie auch, um die Nahrung an sich heranzuziehen. Mit seinen harten, verhornten Lippen, die ihm die Schneidezähne ersetzen, reißt es die Blätter ab.
Das Faultier bewegt sich zwar langsam, aber mit Faulheit hat das nichts zu tun, sondern mit seinem Stoffwechsel, seinem Lebensrhythmus. Während ein Affe von gleicher Größe täglich über zehn Kilometer auf der Suche nach Nahrung zurücklegt, genügen dem Faultier ungefähr dreißig Meter. Wer verbraucht also mehr Energie? Das Faultier beschränkt seine Bewegungen auf das Notwendigste, seine Körpertemperatur ist sehr niedrig, seine Verdauung besonders lang und komplex, und sein Herzschlag entspricht genau seiner ruhigen Lebensweise. Wasser trinkt es nie, und nur einmal wöchentlich scheidet es seinen Kot aus. Das erspart ihm mühsame und gefährliche Ausflüge auf den Boden.
Der auffälligste Unterschied zu anderen Tieren ist die Körperhaltung der Faultiere: Mit dem Kopf nach unten hängen sie mit ihren Klauen an den Ästen. Ihr Haarstrich verläuft nicht entlang der Wirbelsäule, sondern geht vom Bauch aus, sodass der Regen an den Seiten abläuft.
Die Paarung geschieht ebenfalls auf den Bäumen. Das Männchen gleitet zwischen das Weibchen und den Ast, an dem sie hängt, und liegt ihr gegenüber. Bei der Geburt löst das Weibchen nur ihre hinteren Gliedmaßen von den Ästen, das Junge kommt dann aus eigener Kraft zur Welt. Einen Monat lang klammert es sich an den Bauch der Mutter und wechselt dann auf ihren Rücken. Die Mutter kümmert sich kaum um das Junge, das selbst auf die Äste achten muss, die es verletzen könnten. Ein Forscher hat berichtet, wie ein Junges beim Klettern sich an einen höher gelegenen Ast klammerte, um einem Hindernis auszuweichen, und dann sofort wieder auf den Rücken seiner Mutter sprang. In Brasilien nennt man das Faultier *erico ligeiro* »schneller Erico«.

DAS FAULTIER BESCHRÄNKT SEINE BEWEGUNGEN AUF DAS NOTWENDIGSTE, UND SEIN HERZSCHLAG ENTSPRICHT GENAU SEINER RUHIGEN LEBENSWEISE.

DER UAKARI – EIN STAR

Der Blick ist durchdringend, der kahle Schädel und das scharlachrote unbehaarte Gesicht irritieren. Das lange, mantelartige Fell mit der weißen bis roten Färbung trägt ebenfalls zu seinem seltsamen Aussehen bei. Wie es scheint, ist das ein kleiner, kränklicher alter Mann, der zudem an einer schlimmen Hautkrankheit leidet. Doch dieser männliche Rote Uakari *(Cacajao calvus)*, ein Kurzschwanzaffe, ist vollkommen gesund. Ein bleicheres Gesicht wäre ein Anzeichen für eine Krankheit, dann würden die Weibchen sich von ihm abwenden.

Der Rote Uakari ist eine endemische Tierart in den überfluteten Wäldern im Mittellauf des Rio Solimões (so heißt der Amazonas oberhalb von Manaus). Er bewohnt die Várzea, jene Gebiete, die in der Regenzeit überschwemmt werden und reich an Samen, Blumen und Früchten sind. Ein halbes Jahr oder noch länger bleibt er auf den Bäumen, da er hier reichlich Nahrung findet. Seine akrobatische Kunst ist berühmt, vor allem seine unglaublichen Sprünge von Baum zu Baum.

In der Trockenzeit kommt er auf den Boden, um nach Samen zu suchen, die zwei Drittel seiner Nahrung ausmachen. Seine starken Kiefer brechen die härtesten Schalen auf. Er lebt in unterschiedlich großen Gruppen und verteidigt energisch sein Revier.

Die Ähnlichkeit mit dem Menschen hat ihm in der Vergangenheit einigen Ärger bereitet. Einige Indiostämme sahen in den Uakaris die Reinkarnation ihrer Vorfahren und respektierten sie, für andere dagegen waren sie böse Geister, die man töten musste. Wegen ihres Fleisches waren sie lange Zeit ein begehrtes Jagdziel der Caboclos, die als Mischlinge die Mehrheit der Bevölkerung im Amazonasbecken stellen. Da die Uakaris in der Nähe von Flüssen leben, war es relativ leicht, sie von einem Boot aus mit einem Gewehr zu erlegen.

Heute hat sich die Situation grundlegend geändert. Da der Uakari immer seltener wird, kümmert man sich ganz besonders um ihn. Er gehört zu jenen Vorzeigearten, für die große Räume zu Schutzgebieten erklärt werden, wodurch auch zahlreiche weniger spektakuläre Arten geschützt sind. So wurde dieses Tier zum Star eines der ersten großen Reservate für die brasilianische Fauna, des Naturreservats Mamirauá westlich von Manaus.

DAS BEISPIEL VON MAMIRAUÁ

Während seiner Forschungen zum Weißen Uakari fasste der berühmte Biologe José Márcio Ayres den Entschluss, um den See Mamirauá herum in der Nähe der Stadt Tefé im Staat Amazonas ein Naturreservat zu schaffen von über einer Million Hektar Größe. Dadurch war es möglich, zum Schutz von Fauna und Flora ein neues Konzept zu erarbeiten, und zwar zusammen mit der einheimischen Bevölkerung, weil deren Ausbildung, Einkommen und Lebensqualität gesichert werden sollte.

DIE HARPYIE, EIN GIGANT DER LÜFTE

Ein sagenhaftes Ungeheuer, die Harpyie aus der griechischen Mythologie, gab einem der stärksten Raubtiere der Welt den Namen. Die Harpyie *(Harpia harpyja)* ist ein Greifvogel, der im gesamten Amazonasbecken beheimatet ist. Es ist ein prächtiger Vogel. Wie ein schwarzer Mantel liegt das Gefieder über den Schultern und der Brust; der Bauch ist weiß befiedert, am Hinterkopf stellt sich ein dunkler oder schwarz-weißer Federschopf bei der geringsten Gefahr auf. Die Flügel sind imposant, ebenso der lange Schwanz mit seiner schwarzen Querbänderung. Beeindruckend ist die Flügelspannweite von zwei Meter und das große Gewicht mit acht bis neun Kilogramm. Die Harpyie ist so stark, dass sie Beutetiere von der Hälfte ihres Gewichts in das Nest schleppen kann. Ihr Jagdgebiet sind Waldlichtungen und die Baumkronen, und sie folgt immer denselben Flugrouten. Sie kreist nicht über ihrer Beute, sondern nähert sich trotz ihrer Größe geschickt im Schutz der Bäume an und stürzt sich auf alle Beutetiere, die sie auf den Bäumen findet: Haubenkapuziner, Wollaffen, Rüsselbären, Faultiere, Reptilien und Papageien reißt sie im Flug von den Ästen.

Ihre Krallen, lang wie die des Grizzlybären, sind eine tödliche Waffe. Das Beutetier ist sofort tot. Um sein Gewicht zu verringern, frisst die Harpyie gleich davon. Der Rest gehört den Jungen im Nest, das in 40 Meter Höhe auf einem der höchsten Bäume des Regenwaldes

liegt, im Holzhandel als Angelim bekannt, botanischer Name *Vataireopsis spp*. Der Horst, ein Bau von ineinander geflochtenen, mit Blättern bedeckten Zweigen, hat einen imponierenden Durchmesser von anderthalb Metern. Im Nest liegt nur ein Jungvogel. Das Weibchen legt zwar gewöhnlich zwei Eier, kümmert sich aber immer nur um ein Ei. Das hängt mit dem langsamen Wachstum und der langen Lehrzeit des Jungvogels zusammen. Er ist erst nach sechs Monaten flügge und braucht praktisch weitere drei Jahre, bis er ein selbstständiger Jäger ist. Furcht und Schrecken in den Wipfeln des Regenwaldes zu verbreiten, will gelernt sein.

Die brasilianische Weltraumbehörde INPE (Instituto Nacional de Pesquisas Espaciais) hat ungefähr 100 Horste im brasilianischen Amazonasbecken gezählt. Einige werden jetzt überwacht, um die ökologische Situation des Greifvogels besser zu verstehen. Die International Union for Conservation of Nature and Natural Resources (IUCN) schätzt den Bestand auf 50 000 Exemplare und stuft die Tierart als »gering gefährdet« ein. Der große Vogel braucht zum Überleben ein riesiges Urwaldgebiet mit sehr hohen Bäumen, das heißt eine natürliche Umwelt, die auch in Amazonien allmählich immer mehr schrumpft.

WÜHLEN IM ABFALL

Biologen, die das Leben der Harpyien untersuchen, stöbern im wahrsten Sinne des Wortes im Abfall herum: Alle Überreste, die das Greifvogelpaar aus dem Horst wirft, sammeln sie auf und analysieren sie sorgfältig, um herauszufinden, welche Tiere als Nahrung dienen. Zu ihrer Überraschung fanden sie neben Affen, Vögeln und Schlangen auch den Leguan und das Gürteltier auf dem Speisezettel.

DIE SPRACHE DER BLUMEN

Der Trompetenbaum gehört zu den zahlreichen Laubholzbaumarten der Gattung *handroanthus* (oben), brasilianisch *ipe roxo* genannt. Rechts oben ein Bromeliengewächs. Auf den folgenden Seiten links ein ausladendes Blatt der Amazonas-Riesenseerose, rechts die Blüte des Fackel-Ingwers *(Etlingera elatior)*.

Die tropischen Regenwälder sind die Heimat von zwei Drittel aller bekannten Blumenpflanzen. Die Blütezeit ist das letzte Stadium im Kampf um das Leben. Zuvor muss die Pflanze hart um einen Platz an der Sonne kämpfen. In die Höhe wachsen, um jeden Preis, immer dem Licht entgegen: Das ist ihre Devise, auch wenn sie dabei ihre Nachbarn oder einen Wirtsbaum ausnutzen muss.

Im Kronendach in der Sonne entfalten die Blumen ihre ganze Pracht in einem Feuerwerk von Farben, eine strahlender als die andere. Wozu dieses Schauspiel? Es dient dazu, die Bestäuber anzulocken. Die Pflanzen verstehen es auch ohne Gehirn meisterhaft, Insekten, Vögel, Affen und Fledermäuse zu manipulieren, um sie an ihrer Vermehrung zu beteiligen.

Die einfachste Vermehrungsart braucht keine Tiere, denn der Wind soll die Samen verstreuen. Einige werden schon irgendwie auf den Boden fallen, dort keimen und sich im Kampf um einen Platz an der Sonne durchsetzen. Aber sicher ist das nicht! Die klassische Bestäubung besteht darin, dass an Insekten, die Nektar saugen, auch Pollen haften bleiben, die beim Besuch der nächsten Blume auf die weiblichen Blütenteile übertragen werden. Kräftige Farben locken auch Vögel an. Sie verbreiten die Samenkörner viel weiter als Insekten. Eine weitere Möglichkeit besteht darin, mit schmackhaften Früchten Affen anzulocken, die, wenn alles glatt läuft, die Samenkörner ringsum verteilen. Leider müssen die Samenkörner zuerst durch den Magen der Tiere, sodass die Möglichkeit zu keimen manchmal gleich null ist.

Da ist Erfindungsgeist gefragt. Beispielsweise der verführerische Anblick einer köstlichen Frucht, deren Samenkörner sich in einer sehr harten Schale befinden, die den Magen intakt verlässt und später aufplatzen wird.
Einige Pflanzen vertrauen auf ihren berauschenden Duft, um Schmetterlinge zu verführen. Manche konzentrieren sich auf Nachtinsekten und bringen duftende, hellfarbige Blumen hervor, die im Mondlicht gut sichtbar sind. Andere duften zwar, sind aber weniger bunt, um Fledermäuse anzuziehen. Etliche verbreiten einen widerlichen Geruch, um Käfer und Schmeißfliegen zu betören (die sich von Exkrementen ernähren).
Die Speisekarte ist manchmal so exakt erstellt, dass Bestäuber und Pflanze für immer zusammenbleiben und der Tod des einen auch den Tod des anderen bedeutet. Das trifft beispielweise für die Orchidee *Angraecum* zu, die nur durch Schmetterlinge der Gattung Sphinx befruchtet werden kann, weil diese einen genügend langen Saugrüssel besitzen, um an den Nektar in dem sehr langen Sporn der Orchidee zu gelangen. Einige Orchideenarten haben keinen Nektar, aber die Form der Blüte täuscht perfekt das Weibchen des Bestäubers vor – eine unwiderstehliche Versuchung!

ES WAR EINMAL EINE … »FEIGENWESPE«

Der im Regenwald sehr häufig vorkommende Feigenbaum hängt für seine Vermehrung von einer winzigen Wespe ab. Oft gehört eine bestimmte Wespenart zu einer bestimmten Baumart. Angelockt durch chemische Stoffe dringen die Wespen in das Innere des krugförmigen Blütenstands, der sowohl weibliche wie männliche kleine Blüten enthält. Sie legen dort ihre Eier ab und sterben.
Die Larven ernähren sich von den Blüten, schlüpfen, paaren sich, befruchten die Blumen und suchen einen anderen Baum, um den Zyklus neu zu beginnen.
Die bestäubten Früchte können absterben und bilden die Nahrung für zahlreiche Schmetterlinge, Vögel, Fledermäuse und Säugetiere, die ihre Samen verbreiten.

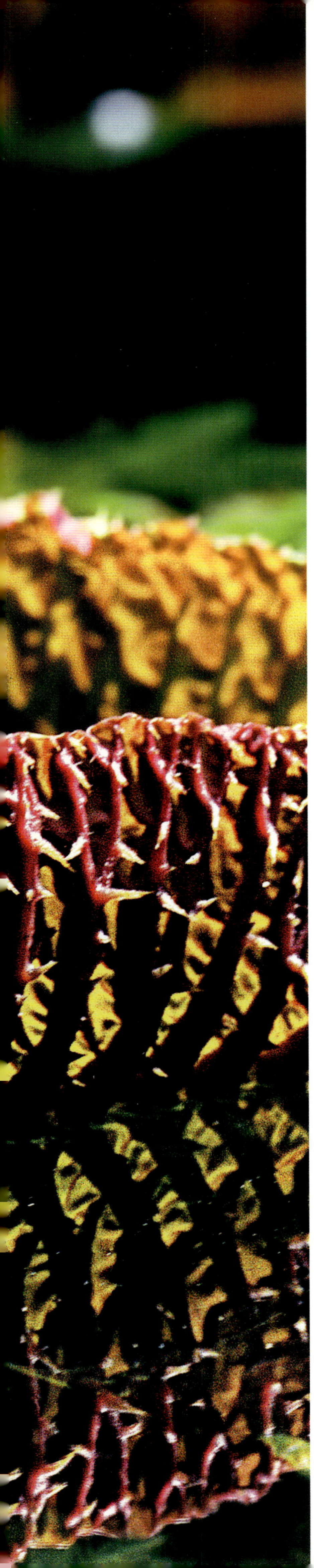

DER AMAZONAS, EIN MASSLOSER FLUSS

In 5507 Metern Höhe, 90 Meter unterhalb des Gipfels des peruanischen Bergmassivs Nevado Mismi in der Region Arequipa, tritt ein dünner Wasserstrahl aus dem Felsen und stürzt hinab. Er weiß nicht, dass aus ihm der Amazonas wird, der größte Fluss der Erde... Vom Amazonas und seinen Nebenflüssen stammen 18 Prozent der Wassermenge, die von allen Flüssen der Erde in die Ozeane gelangt. Für die Brasilianer steht fest, dass er jetzt mit seinen 6800 Kilometern um 105 Kilometer länger ist als der Nil. Sein Wassereinzugsgebiet umfasst 40 Prozent der Fläche von Südamerika, und seine Wasserführung beträgt im Jahresdurchschnitt 170 000 Kubikmeter pro Sekunde. Das entspricht der Abflussmenge der sechs nächstkleineren Flüsse der Erde.

Der Bau einer Brücke über diesen gigantischen Fluss war wegen der Breite und Tiefe und den je nach Jahreszeiten wechselnden Wasserständen bis heute nicht möglich. Doch seit 2011 verbindet ein Meisterwerk der Brückenbaukunst, der 3595 Meter lange Ponte Rio Negro über den Rio Negro, die Gemeinde Iranduba mit der Stadt Manaus, die damit an das Straßennetz im Süden des Landes angeschlossen ist.

Im Amazonas soll es mehr Fischarten geben als im Atlantischen Ozean. Um eine solche Fülle zu verstehen, muss man 60 Millionen Jahre zurückgehen in eine Zeit, in der Südamerika und Afrika eine Einheit bildeten. Wahrscheinlich gehörte der Amazonas zusammen mit dem Ur-Kongo zu einem System von mehreren Flüssen und floss nach Westen in den Pazifik. Lange Zeit nach dem Auseinanderbrechen von Amerika und Afrika verhinderte die Auffaltung der Anden den Amazonas daran, weiter in den Pazifik zu fließen. Durch die Richtungsänderung seines Flussbetts konnte der Atlantik ihn überschwemmen und ein gigantisches Binnenmeer ausbilden, aus dem später ein riesiges Feuchtgebiet mit Süßwasser entstand. Die Meerestierarten passten sich allmählich dieser neuen Umgebung an. Ungefähr 20 Rochenarten im Amazonas stammen aus dem Atlantik. Heute beherbergt der Fluss unzählige Meeres- und Flusstiere, und das macht seinen außergewöhnlichen Reichtum aus.

Die berühmten Piranhas sind zwar berüchtigt, aber ihr Ruf, besonders gefährlich zu sein, ist nicht berechtigt. Die meisten Arten, die wegen ihres zarten Fleisches sehr begehrt sind, ernähren sich von Pflanzen. Fleischfressende Piranhas beißen notfalls zur Verteidigung ihres Reviers mit ihren dreieckigen, spitzen und scharfen Zähnen einige Male zu. Aber das lässt sich mit den Zähnen, die es bei anderen Fischen im Meer gibt, kaum vergleichen.

Ein weiteres von Mythen umranktes Tier ist die Anakonda. Die ersten Forscher und der Film haben ihre unheimliche Größe hervorgehoben und ihr den Ruf eingebracht, Menschen zu fressen. Die zur Familie der Boas gehörende Schlange ist eher zurückhaltend und lauert bei der Jagd verschieden großen Beutetieren auf, aber keinen Menschen. Das Opfer wird unter Wasser gedrückt, ertränkt und erstickt.

DER ÜBERSCHWEMMTE REGENWALD

Durch die Schneeschmelze in den Anden steigt der Amazonas während der Regenzeit im Dezember unaufhaltsam auf eine Höhe von 5, 10 und 15 Metern an und überschwemmt den Regenwald. Entlang des Amazonas und seiner

EIN FLUSS UNTER DEM AMAZONAS

Auf der Suche nach Öl haben brasilianische Wissenschaftler 2011 darauf hingewiesen, dass es unter dem Amazonas in mehr als 4000 Meter Tiefe einen Fluss gibt. Nach einem seiner Entdecker wurde er Hamza genannt. Er soll ungefähr 6000 Kilometer lang sein, und die Fließgeschwindigkeit, mit der er das Wasser langsam durch die Gesteinsschichten transportiert, beträgt 10 bis 100 Meter im Jahr. Erste Forschungsergebnisse deuten darauf hin, dass der Rio Hamza in das Amazonasdelta einmündet, aber nur zwei bis drei Prozent der Abflussmenge des Amazonas ausmacht.

Nebenflüsse entsteht eine überflutete Fläche, die sogenannten Várzea. Sie ist doppelt so groß wie Deutschland und bleibt oft über ein halbes Jahr unter Wasser. Diese Situation beeinflusst die Lebensweise von Tieren und Pflanzen.

Der Fluss führt dem Auwald riesige Mengen von fruchtbarem Schlamm zu, den die Wurzeln der Bäume festhalten. Im Gegenzug liefern die Bäume den Fischen Blumen, Früchte und Samen. Die Fische schwimmen tief in das Waldinnere hinein und ernähren sich für eine gewisse Zeit wie Vögel und Affen. Die Flussanwohner, die *ribeirinhos*, haben sich diesen Veränderungen angepasst. Sie wohnen auf Booten oder Pfahlbauten. Auf Flößen halten sie Vieh und bringen dort die Heuvorräte unter. Auf Pirogen legen sie schwimmende Gärten an. Wo beginnt festes Land? Wo endet der Fluss? Das sind Sorgen ängstlicher Festlandbewohner. Wie soll man mit einem so unruhigen Fluss leben? Wie kann man in einem Gebiet wohnen, das zum Sumpf wird, zu einer Fahrrinne, zu einem Meeresarm, einem Wattenmeer, um schließlich auszutrocknen und als Grasland zurückzubleiben – bis die nächste Sintflut einsetzt? Wir leben in Regionen, in denen die Flüsse seit langem gebändigt sind, und so haben wir keine Vorstellung mehr von diesen mächtigen natürlichen Fluktuationen, die das Schwemmland so fruchtbar machen.

Oberhalb von Manaus fließt der gewaltige Rio Negro. Bald wird er selbst zum Ozean. Die großen Paranussbäume stehen schon im Wasser. Ihre mächtige Statur spiegelt sich im Fluss. Um einen Stamm ist ein Seil gebunden und zeigt an, dass ein Schiff gut sechs Meter von unserer Piroge entfernt angelegt hat. Es ist Anfang Februar. Das Wasser wird bis in den Juni hinein ansteigen. Ein Geräusch im Wasser schreckt uns auf. Ein rosa Delfin hat soeben seinen Kopf kurz aus dem Wasser gestreckt.

Eine Umgebung so grün wie eine englische Landschaft, ein kleiner schwimmender Ponton, eine sanft abfallende Blumenwiese und ein kleines Holzhaus unter Bäumen: Hier flicken die Fischer ein Netz für den Fang der Jaraquis, die bald eintreffen. Diese kleinen farbenprächtigen Fische – Barbensalmler – schwimmen mit dem Ansteigen des Wassers zu Millionen den Rio Negro stromaufwärts zu den Laichplätzen. Die Männer haben eine große Mulde an der Uferböschung gegraben. Mit einem Einkreisungsmanöver schließt sich hier das Netz über den Fischen. Nicht selten werden auf diese Weise innerhalb einer Stunde 10000 Exemplare gefangen, ein wahres Geschenk des Flusses.

DAS LÄCHELN DES KAIMANS

Zu Beginn des Sommers bauen die Männchen und Weibchen der Breitschnauzenkaimane (*Caiman latirostris*) im Unterholz an den Flussufern ein verborgenes Nest. Das ist eine erhebliche Kraftanstrengung, denn es misst 1,50 Meter im Durchmesser. Die jungen Kaimane ernähren sich von Weichtieren und Wasserkrebsen, manchmal auch von kleinen Säugetieren und Schildkröten.

Am Rio Negro oberhalb von Manaus auf einer Insel liegt die *pousada* Jacaré, eine Art Frühstückspension. Der Inhaber ist Silvino, den alle hier *Jacaréjinho* (»kleiner Jacaré«) nennen, trotz seines leichten Übergewichts. Jacaréjinho führt seine Besucher gerne zu den kleinen Jacaré-Kaimanen, die nicht größer als

DIE NATUR HAT ES WEISE EINGERICHTET: DAS SCHLÜPFEN DER JUNGEN GESCHIEHT IN DEM MOMENT, DA DIE GEWÄSSER ANSTEIGEN UND REICHLICH NAHRUNG BIETEN.

2,50 Meter sind. Die Regenzeit beginnt, der Himmel ist grau, und die Wolken hängen tief. Wir haben noch ein wenig Tageslicht, als wir mit der Piroge zum Rio Negro fahren. Blitze erhellen die dunkle Masse des Urwalds. Eine erfrischende nächtliche Brise vertreibt die Moskitos.

Die Piroge bahnt sich einen Weg durch dicke Schichten von Wasserhyazinthen. Im Schein der Fackel leuchtet ein seltsames Licht in der Vegetation auf. Das Auge des Jacaré-Kaimans reflektiert das Licht mit überraschender Intensität – und zu seinem größten Schaden, denn so ist es leicht, ihn nachts illegal zu jagen.

Jacaréjinho sitzt rittlings am Bug und lenkt das Boot mit einem winzigen Paddel. Kleine Fische springen aus dem Fluss, wenn wir uns nähern. Eine Ladung Wasser klatscht mir ins Gesicht. Ich zucke zusammen. Der von uns entdeckte Kaiman ist gerade untergetaucht.

Der Jacaré-Kaiman bestimmte das ganze Leben von Jacaréjinho. Vor 40 Jahren jagte er ihn in diesen Gewässern mit der Harpune. Heute ist der Fang dieser Echse gesetzlich streng geregelt. Die Haut eines Kaimans brachte beim Verkauf die Hälfte der Summe, die für eine Piroge gezahlt wurde, dazu kam ein Sack Mehl und ein Sack Zucker. Das war damals ein Vermögen. Mit dem Tourismus wurde aus dem Jäger schließlich ein Führer für Fotografen, und er hat seitdem nie mehr einen Jacaré-Kaiman getötet.

EIN SCHNELLKOCHTOPF

Die etwa 20 bis 60 Eier des Jacaré-Kaimans liegen im Nest in zwei Lagen und sind durch eine dichte Pflanzenschicht getrennt. Wenn die Pflanzen sich zersetzen, wird Hitze frei, die das Gelege warm hält. Das funktioniert wie bei einer Kochkiste. Der Temperaturunterschied zwischen den Lagen bestimmt das Geschlecht der Neugeborenen: Bei 30 °C werden es Weibchen, bei 34 °C Männchen. Für die Eltern ist es ein Kraftakt, im Nest ein Gleichgewicht herzustellen zwischen Sonneneinstrahlung, Bodentemperatur und dem jeweiligen Platz eines Eis im Gelege. Nicht nur die Menschen machen sich Gedanken über das Geschlecht ihrer Nachkommenschaft …

BOTO, DER ROSA FLUSSDELFIN

Eine anmutige Erscheinung gleitet zwischen den Baumstämmen des Urwalds hindurch. Es ist der rosa Flussdelfin, einer der vielen Mythen in Amazonien. Für die Indios, die ihn *boto* nennen, ist er die Wiedergeburt eines Menschen. Das ist nicht verwunderlich, denn seine natürliche Neugier auf Menschen und seine Fähigkeit, den Kopf in Richtung der Besucher zu drehen und sie lange zu betrachten, haben etwas Verstörendes an sich.

Der Rosa Amazonasdelfin *(Inia geoffrensis)* lebt in den Gewässern des Amazonas und Orinoko. Bei der Geburt ist er grau, und erst während des Wachstums erhält er die auffallende rosa Farbe. Der *boto* ist wahrscheinlich ein Nachfahre von Meerestieren, die im Miozän (vor 23 bis 5 Millionen Jahren) in den Gewässern des Amazonas lebten. Nach und nach hat er sich wie viele andere Arten an das Leben im Süßwasser angepasst. Er ist ein ziemlich stattlicher Delfin von 2,80 Meter Länge und 150 Kilogramm Gewicht, und mit seiner Schnauze in Form eines Schnabels und einer wenig entwickelten Rückenflosse besitzt er eine unverwechselbare äußere Gestalt. Seine Halswirbel sind nicht zusammengewachsen, sodass er äußerst beweglich ist: Er kann im rechten Winkel abbiegen und gewandt im überschwemmten Urwald zwischen den Baumstämmen gleiten, um dort bei Hochwasser nach Nahrung zu suchen.

In den Gebieten, in denen der Delfin erforscht wird, kam es seit über einem Jahrzehnt zu einem alarmierenden Rückgang der Bestände. Wissenschaftler untersuchten daraufhin das Reservat am Rio Trombetas in der Nähe von Santarém am Amazonas und die Gebiete um das Reservat von Mamirauá oberhalb von Manaus. Das Ergebnis war unerfreulich: Skrupellose Fischer fangen den Delfin mit der Harpune und benützen ihn als Köder, um Welse, *piracatingas*, zu fangen, weil deren Export lohnend ist. Zwar betrifft das nur eine Minderheit, aber sie reicht aus, um die Art zu gefährden.

Der *boto* ist nämlich ein Tier mit langsamem Wachstum. Er wird sehr spät geschlechtsreif, und Geburten finden nur alle sechs oder sieben Jahre statt. Das Kalb saugt mindestens zwei Jahre lang und bleibt manchmal bis zum Alter von sieben Jahren unter der Obhut der Mutter. Der *boto* kann 30 bis 40 Jahre alt werden, wenn er sich nicht von Raubtieren erwischen lässt.

Im großen Reservat von Mamirauá haben Biologen viele Delfine mit Sendern ausgestattet, um ihre Lebensweise zu untersuchen und sie besser zu schützen. Ein Ergebnis ist, dass Delfine außer beim Jagen in der Gruppe oder im Kontakt mit der Mutter wenig Kommunikation untereinander haben. Da sie sich viel bewegen, steigt ihr Risiko, sich in den Fischernetzen mit großen Maschen zu verfangen. Für den Amazonasdelfin ist das Leben wirklich nicht rosig.

DER SOTALIA-DELFIN

Der Sotalia-Delfin *(Sotalia fluviatilis)*, in seiner Heimat auch *tucuxi* genannt, ist ein weiterer Delfin des Amazonas. Er ist klein (1,5 Meter) und dadurch dem Gemeinen Delfin ähnlich. Obwohl er ausschließlich im Süßwasser lebt, gehört er doch zu den Meeresarten. Vom *boto* unterscheidet er sich sehr: Er ist flink, lebt in Gruppen, vermeidet flache Gewässer und ist viel misstrauischer dem Menschen gegenüber. Er ist ein guter und pfeilschneller Jäger, verhält sich aber unauffällig und ist schwer zu beobachten, weil er immer nur für ein paar Sekunden zum Atmen an die Oberfläche kommt.

DER ROSA FLUSSDELFIN IST EINE MYTHISCHE FIGUR IN AMAZONIEN. FÜR DIE INDIOS IST DER *BOTO* DIE WIEDERGEBURT EINES MENSCHEN.

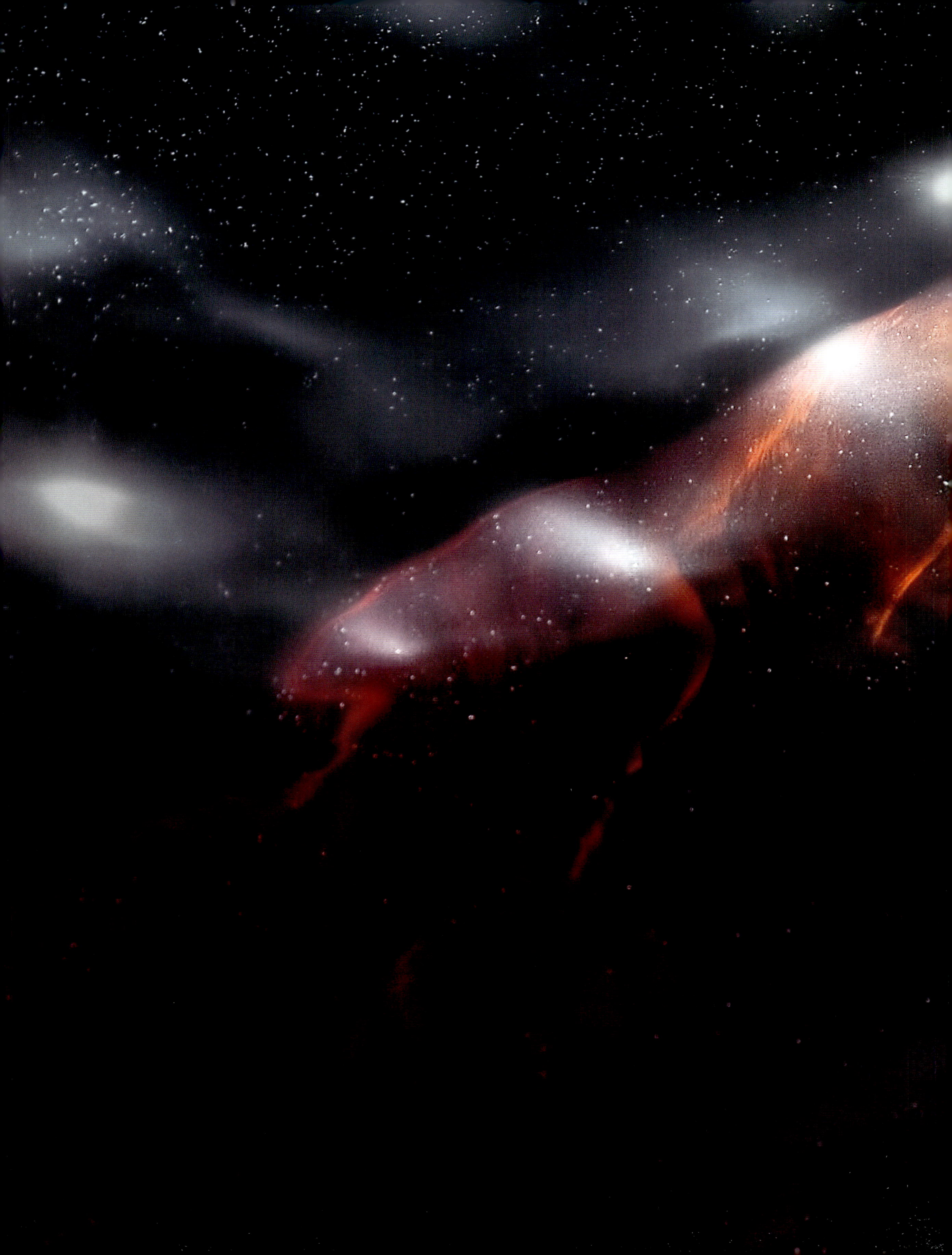

DER WASSERJAGUAR

Mit unserem kleinen zierlichen Otter in Europa hat er keine Ähnlichkeit. Der große Südamerikanische Fischotter *(Lontra longicaudis)*, von den Indios auch »Wasserjaguar«genannt, ist ein kräftiges und gefürchtetes Raubtier. Mit seiner Länge von 1,80 Meter und seinen 22 bis 32 Kilogramm nimmt er es in seinem Revier auch mit dem Jacaré-Kaiman auf. Er jagt tagsüber und wohnt so weit wie möglich von den Menschen entfernt in Gebieten, die kleine Flüsse mit schwacher Strömung haben. Sein gutes Sehvermögen erleichtert ihm die Jagd. Jeden Tag erbeutet er zwei Kilogramm Fisch. Seine hervorstehenden Augen, die an die Sicht unter Wasser angepasst sind, geben ihm ein etwas beängstigendes Aussehen. Wie alle Bewohner in Amazonien richtet auch er sein Leben nach den wechselnden Wasserständen. In der Trockenzeit zieht er sich in die *igarapés* zurück, natürliche Flussarme, von denen ganz Amazonien durchzogen ist, und verteidigt hier sein ungefähr 30 Quadratkilometer großes Revier. Bei Hochwasser sucht er in kleinen Familienverbänden die überschwemmten Gebiete auf, um Fische zu jagen.

DER SÜDAMERIKANISCHE FISCHOTTER IST EIN GROSSES, GEFÜRCHTETES RAUBTIER UND KANN ES IN SEINEM REVIER AUCH MIT DEM JACARÉ-KAIMAN AUFNEHMEN.

Sein markiertes Revier umfasst Ruheplätze und Latrinen, die er an den Uferböschungen einrichtet. Er legt dort unterirdische Bauten an, in denen er übernachtet oder seine Jungen zur Welt bringt. Wegen diesem Erdaushub und seiner durchdringenden Laute ist er leicht zu finden, was die Jäger sich lange Zeit zunutze gemacht haben. In den 1960er-Jahren exportierte Brasilien ungefähr 40 000 Otternhäute mit der Folge, dass diese Tierart im Süden des Landes, in Paraguay, Uruguay und Argentinien ausgestorben ist. Sie gibt es nur noch im Amazonasbecken und in den drei Guyanas.

Heute steht der Südamerikanische Fischotter unter Schutz, dennoch wird er ein Opfer des Menschen, der mit seinen Aktivitäten immer weiter auf sein Gebiet vordringt und dabei – wie die Goldsucher durch die Verwendung des Quecksilbers – die Gewässer verschmutzt. Das Pantanal, das gewaltige Feuchtgebiet im Süden Brasiliens, ist für diese Tierart ein Ort der Ruhe, aber sie ist dort nicht sehr zahlreich vertreten. Nach Schätzungen von Fachleuten kommt auf 1000 Jacaré-Kaimane nur ein Fischotter.

DAS CAPYBARA, »HERR DES GRASES«

Lange Zeit wurde das Capybara als »Wasserschwein« bezeichnet, bis sich herausstellte, dass es mit dem Schwein überhaupt nicht verwandt ist, sondern Ratten und Mäusen nahe steht. Das Capybara ist das größte Nagetier der Welt. Sein massiver, schwanzloser Körper hat einen charakteristischen quadratischen Kopf. Es ist über einen Meter lang, und sein Gewicht kann bis zu 80 Kilogramm betragen. Die Guarani nennen es »Herr des Grases«. Passend wäre auch die Bezeichnung »Herr des Flusses« gewesen, da sein Leben eng mit dem feuchten Element verbunden ist.

Das Capybara *(Hydrochoerus hydrochaeris)* bleibt immer in der Nähe von Gewässern, die es oft aufsucht. Seine Augen und Nasenlöcher liegen wie beim Flusspferd oben am Kopf, sodass es in Stunden größter Hitze völlig in das Wasser eintauchen kann. Es unternimmt gern Tauchgänge auf den Gewässergrund und kann dort Wasserpflanzen fressen, ohne Luft holen zu müssen. Für sein eng mit dem Wasser verbundenes Leben zahlt das Capybara einen hohen Blutzoll an den Kaiman und auch an die Anakonda, die oft unter Wasser jagt.

Auf dem Festland im dichten Wald lebt das Capybara nicht weniger gefährlich, denn dort lauern ihm der Jaguar, der Puma, das Ozelot und die Raubvögel auf. Es ist glücklicherweise ein geselliges Tier: Die Jungtiere schließen sich unter der Obhut eines erwachsenen Tieres zusammen, das bei Gefahr Alarm schlägt. Die erwachsenen Tiere schließen daraufhin einen Kreis um ihre Nachkommenschaft, um sie mutig zu verteidigen. Das Capybara ist mit zwei starken Schneidezähnen ausgerüstet, mit denen es sich sehr gut zu wehren weiß. Dennoch erreicht wohl nur jedes zwanzigste Tier das Erwachsenenalter. Solidarität wird bei den Capybaras großgeschrieben: Die Jungtiere können bei jedem Weibchen der Gruppe saugen, was bei Nagetieren sehr selten vorkommt. Eine Gruppe besteht aus ungefähr 20 Tieren, manchmal sind es auch mehr. Ein dominantes Männchen führt sie an. An Pflanzen versprüht es ein Sekret aus einer oberhalb Nase liegenden Duftdrüse und markiert so sein Revier. Die Capybaras verständigen sich untereinander durch Pfeifen, Bellen, Grunzen oder Schnalzen.

Bei der Nahrung ist der »Herr des Grases« ausgesprochen wählerisch und geht, wenn die Situation es zulässt, mit größte Sorgfalt vor. Forscher haben eine Gruppe Capybaras lange beobachtet und herausgefunden, dass sie sich von 89 verschiedenen Pflanzenarten ernähren.

Trotz der vielen Raubtiere und der exzessiven Bejagung durch den Menschen profitieren die Capybaras dennoch von der Zunahme der Grasflächen in ihrer Umgebung. Ihr Bestand wächst in den meisten Ländern, in denen sie vorkommen.

Ein Capybara sucht mit prüfendem Blick die Umgebung nach Fressfeinden ab (linke Seite oben), während zwei Jungtiere arglos miteinander spielen (unten).

DAS LEBEN IST HART FÜR DIE CAPYBARAS: NUR JEDES ZWANZIGSTE TIER ERREICHT DAS ERWACHSENENALTER.

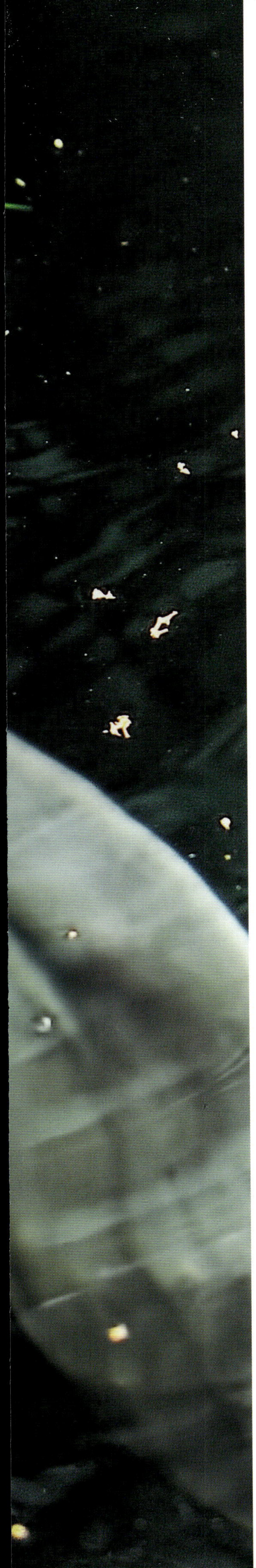

DIE SEEKUH

Der Amazonas-Manati ist von runder Gestalt und planscht vergnügt den ganzen Tag im warmem Wasser herum. In Brasilien heißt er *peixe-boi*, die »Seekuh«. Mit einer Länge von drei Metern und einem Gewicht von 450 Kilogramm ist der Amazonas-Manati das kleinste Exemplar innerhalb der Ordnung der Seekühe, die vier Tierarten umfasst. Sein Lebensraum sind die ruhigen Zonen des Amazonas und die seiner Seen und Nebenflüsse, angefangen vom Oberlauf in Peru, Kolumbien und Ecuador bis hin zu seiner Mündung.

Die Haut des Amazonas-Manati ist dunkel, der Kopf lang gestreckt mit kleinen Augen. Die hinteren Gliedmaßen haben sich zu einer waagrechten, spatenförmigen Schwanzflosse umgestaltet. Die Vordergliedmaßen sind paddelförmige Flossen, die ihn gelegentlich dabei unterstützen, die Nahrung ins Maul zu stopfen.

Er bewegt sich ruhig im gleichmäßigen Schlag seiner Schwanzflosse und sucht auf dem Flussboden nach Gräsern, die er mit den Tasthaaren, den Vibrissen, aufspürt. Oft schiebt er die Schnauze aus dem Wasser und holt sich die auf der Oberfläche treibenden Pflanzen.

Der Pflanzenfresser verbringt ein Drittel seiner Zeit damit, sich mit Süßgräsern und allen möglichen Wasserpflanzen, die aber wenig nahrhaft sind, den Bauch zu füllen, sodass er täglich 8 bis 15 Prozent seines Gewichts an Nahrung braucht. Diese stark zellulosehaltigen Pflanzen sind schwer verdaulich, aber die Natur hat den Amazonas-Manati mit einem 40 Meter langen Darm ausgestattet, in dem die Nahrung in aller Ruhe gärt und von Bakterien zersetzt wird.

Um mit der zähen Nahrung zurechtzukommen, besitzt er ständig sich erneuernde Backenzähne, die nach Art einer Rolltreppe funktionieren: Die hinteren Backenzähne wandern nach vorne und stoßen die vorderen ab.

Sein Leben scheint wie in Zeitlupe zu verlaufen. Der Stoffwechsel geht entschieden langsamer vor sich als bei anderen Säugetieren. Zeiten von Nahrungsmangel oder lang anhaltender Trockenheit kann er so gut überstehen. Sein Herz macht dann nur 30 bis 40 Schläge in der Minute und beim Tauchen sogar nur noch 6 Schläge.

Der Amazonas-Manati pflegt die Kunst, sich Zeit zu lassen. Er kalbt nur alle drei bis vier Jahre. Die Tragzeit beträgt über ein Jahr. Zwei Jahre wird das Kalb gesäugt und ist so bestens gerüstet für eine Lebenszeit von 50 Jahren.

DIE STELLERSCHE RIESENSEEKUH

Der Amazonas-Manati hat keine natürlichen Feinde, nur die Menschen haben ihn eifrig gejagt. In den Jahren von 1930 bis 1950 wurden sie zu Zehntausenden wegen ihrer strapazierfähigen Haut getötet. Heute steht er unter Schutz, wird aber trotzdem illegal gejagt, zumal der Handel mit seinem Fleisch kaum kontrolliert wird. Vor zweieinhalb Jahrhunderten brauchten die Jäger in Alaska nur 30 Jahre für die Ausrottung des größten Exemplars der Seekühe, der Stellerschen Riesenseekuh, ein kolossales, wehrloses Tier mit einem Gewicht von acht Tonnen und einer Länge von acht Metern – es kam nicht einmal auf die Idee, sich durch Tauchen zu retten ...

DIE VÖGEL DES FLUSSES

Der Amazonas und seine Nebenflüsse sind der Lebensraum für zahlreiche Vogelarten, denen eine große Vielfalt an Habitaten und Nahrungsquellen zur Verfügung steht: Schlammbedeckte Ufer, Sandbänke, kleine Tümpel, Sümpfe, Mangroven, Kanäle mit stehendem Wasser, Grasland und überschwemmte Wälder. Das jährlich wiederkehrende Ansteigen und Abschwellen der Flüsse, wodurch sich die Feuchtgebiete extrem weit über den Uferbereich hinaus ausdehnen, vermehrt diese Vielfalt.

Die Flüsse sind Einflugschneisen, Flugkorridore und natürlich auch Nahrungsgebiete für viele Vogelarten, die sich nie in das Innere des Regenwaldes wagen würden. Eisvögel und Fischadler patrouillieren entlang der Uferböschungen. Zu Dutzenden sitzen Kormorane auf einem abgestorbenen Baum und trocknen ihre anthrazitfarbenen Flügel in der Sonne. Schwalben und Mauersegler harren dem Schlüpfen der Wasserinsekten, die sie im Flug über die Wellen

Am Ufer des Amazonas fliegen rote Ibisse auf.

WO GIBT ES WINTERQUARTIERE FÜR ZUGVÖGEL?

Amazonien ist das Ziel für Millionen von Zugvögeln aus dem Norden, die hier im Winter ihre Nahrung finden. Nach einem Flug von mehreren tausend Kilometern und oft genug dem Verlust von einem Drittel ihres Körpergewichts entdecken sie jedes Jahr aufs Neue, dass ihr Futter- und Ruhegebiet immer kleiner wird und Agrarflächen und Viehweiden weichen muss. Zum Glück gibt es an der Küste von Guyana im Norden und dem riesigen Feuchtgebiet des Pantanal im Süden noch attraktive Halteplätze.

fangen. Auf der Suche nach Beute halten Aasgeier an den Uferböschungen Ausschau, ob der Fluss vielleicht einen Kadaver anschwemmt. Watvögel stochern im Schlick nach Muscheln, Würmern und Krebstieren, während Schreitvögel eher kleine Fische vorziehen.

Ein scharlachrotes Gefunkel erhellt den Urwald. Eine Gruppe roter Ibisse *(Eudocimus ruber)* fliegt auf: Schöner kann ein Anblick kaum sein. Ihre außergewöhnliche Farbe verdanken sie ihrer Nahrung, den Krabben, so wie das rosa gefärbte Federkleid der Flamingos auf das Plankton der Lagunen zurückgeht. Der gebogene Schnabel der Ibisse ist ein ideales Werkzeug, um die Beute aus dem Schlick herauszuziehen. Das prächtige Gefieder hätte beinahe zum Aussterben dieser Vogelart geführt, zumindest in einigen Regionen.

Der Cocoireiher *(Ardea cocoi)*, der größte Reiher Brasiliens, hatte dasselbe Problem. Im 19. Jahrhundert war sein edles Gefieder in der Schmuckfederindustrie und der Haute Couture sehr begehrt. Heute kann er sich relativ sorglos von Fröschen, kleinen Fischen, wirbellosen Tieren und Reptilien ernähren.

Der Kappenreiher *(Pilherodius pileatus)* ist eine seltene Art. Ihn abzulichten, ist der Traum eines jeden Naturfotografen. Er hat eine schwarze »Krone« auf dem Kopf, eine türkisfarbene »Maske« vor Gesicht und Schnabel und ein Brustgefieder in Gelb und Orange. Äußerst originell sind die zwei oder drei langen weißen Schmuckfedern am Hinterkopf. Wie bringen es die so wunderbar geschmückten Tiere nur fertig, sich nicht im sumpfigen Morast schmutzig machen?

Der Waldstorch *(Mycteria americana)* tritt gern in ganzen Kolonien auf (linke Seite oben). Der Schmuckreiher (unten) imponiert mit seiner auffallenden Frisur, der Kappenreiher (oben) eher mit seiner auffälligen Gesichtsfarbe.
Der Amerikanische Schlangenhalsvogel (folgende Doppelseite) wird auch Wasserschlange genannt, weil beim Schwimmen nur der Kopf und der lange gebogene Hals zu sehen sind.

NACHT IN AMAZONIEN

Die Dämmerung ist nur kurz in Amazonien. Innerhalb weniger Minuten ändert sich die Stimmung vollkommen. Blutrot versinkt die Sonne am Horizont, die Schatten werden länger. Nebel steigt aus dem Urwald, der bald nur noch eine schwarze Masse ist, die sich im Wasser des Flusses spiegelt. Die Sterne ziehen auf.

Die Vögel suchen ihren Schlafplatz auf und verstummen. Vielleicht noch ein letzter Schrei des Tukan, der vielleicht von eine Euler erwidert wird, dann setzt das Quakkonzert der Frösche ein. Die Nacht bricht an.

Für viele Raubtiere die Stunde der Jagd. Manche Raubkatzen – der Jaguar, der Puma, der Ozelot und die Langschwanzkatze von der Größe einer stattlichen Hauskatze – sind auch nachtaktive Jäger. Was machen ihre Beutetiere? Zahlreiche kleine Nagetiere wie die Pakas suchen im Schutz der Dunkelheit im Unterholz nach Früchten und Samen. Auf den Bäumen kommt dem Wickelbär, dem Kinkajou, seine gute Sehschärfe in der Nacht zugute. Um diese Zeit sind die Affen für ihn keine Konkurrenten. Nur die Azara-Nachtaffen *(Aotus azarae)* haben so große Augen wie die Lemuren und sind nachtaktiv.

Im Kronendach machen sich die Baumfrösche auf die Suche nach den unzähligen nächtlichen Insekten. Ihnen lauern Schlangen und Fledermäuse auf. Schlangen erkennen giftige Frösche wahrscheinlich am Geruch und die Fledermäuse am Gequake.

Jagende Spinnen wie die Brasilianische Wanderspinne *(Phoneutria* = griechisch für »Mörderin«), die in Brasilien *armadeira* genannt wird, und die Riesenvogelspinne *(Theraphosa)* verlassen ihr Versteck. Sie verabreichen ihrer Beute, im Allgemeinen Insekten, manchmal kleine Nagetiere, ein extrem starkes Gift. Wird die Riesenvogelspinne bei der Jagd gestört, zieht sie ihren Unterleib zusammen und schleudert auf die Haut des Angreifers Brennhaare, die starke Hautreizungen hervorrufen. Im Fluss erwachen die Jacaré-Kaimane aus ihrem Dämmerschlaf. Sie brauchen überhaupt kein Licht, um die für ihre Nahrung nötigen Fische zu finden, sie haben dafür einen guten Riecher. Die Nacht in Amazonien: so sanft und friedlich, voller Überraschungen, voller Blut und voller Schrecken.

Der Nachtaffe (unten) ist der einzige nachtaktive Affe in Amazonien. Der Jacaré-Kaiman (folgende Doppelseite) liegt auf der Lauer und bildet für Tiere, die nachts zum Trinken ans Ufer kommen, eine tödliche Bedrohung.

KINDERSCHLUCHZEN

Der Cuandu *(Coendou prehensilis)*, der Eigentliche Greifstachler, ist ein pflanzenfressendes Nagetier, das sehr zurückgezogen auf Bäumen lebt. Er ist ein langsamer, aber dank seiner mächtigen Krallen sehr sicherer Kletterer, der dabei auch den Greifschwanz einsetzt. In der dichten Vegetation ist er kaum zu erkennen, zumal er auch noch nachtaktiv ist. Sein Schrei erinnert merkwürdigerweise an das Schluchzen von Kindern.

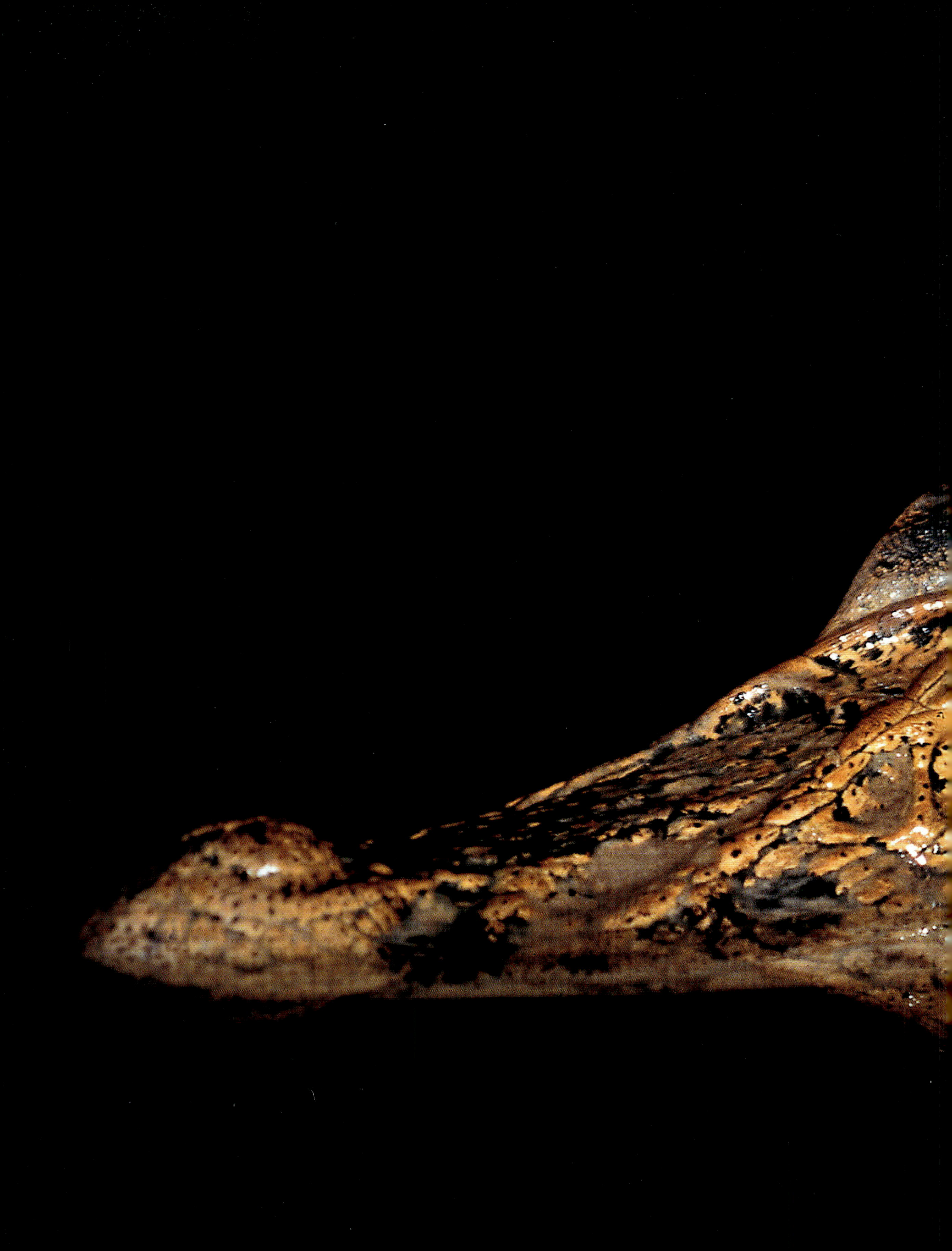

BE

VÖLKE

RUNG

10 VORURTEILE ÜBER DEN AMAZONAS-REGENWALD

1. DER URWALD IST EINE SCHATZKAMMER, DIE ES ZU SCHÜTZEN GILT. Falsch. Diesen Urwald gibt es nicht oder nur an seltenen, unzugänglichen Stellen. Bei allen Ausgrabungen in Amazonien stieß man auf Spuren von menschlicher Besiedlung, die manchmal über 10 000 Jahre alt ist. Für ihre eigenen Bedürfnisse haben die frühen Völker im Lauf der Zeit Bäume gepflanzt und Felder bebaut. Deshalb kann man heute nicht mehr behaupten, es gebe Gebiete im Urwald, die kein Mensch je betreten habe.

2. Der Amazonas-Regenwald ist die Lunge unserer Erde. Falsch. Dieser »reife«, das heißt sehr alte Regenwald verbraucht fast so viel Sauerstoff wie er produziert, im Gegensatz zu neu angepflanzten Wäldern, die im vollen Wachstum stehen. Die Lunge unserer Erde ist eher das Plankton, das Sauerstoff in großen Mengen erzeugt.

3. Die Entwaldung geht in Amazonien immer schneller vor sich. Falsch. Die Entwaldung wurde in Brasilien innerhalb von zehn Jahren halbiert, und die Regierung strebt »Null Entwaldung« für 2017 an.

4. Die Entwaldung ist die größte Gefahr für den Regenwald. Falsch. Die größte Gefahr ist wahrscheinlich der Klimawandel, insbesondere die Trockenperioden, die den Bäumen in den feuchten Regenwäldern schwer zusetzen.

5. Dem Regenwald droht das Verschwinden. Falsch. Über die Hälfte des brasilianischen Amazonas-Regenwaldes steht heute unter Schutz. Es handelt sich um streng überwachte Naturreservate, aber auch um Ressourcenschutzgebiete, in denen eine nachhaltige Nutzung durch den Menschen toleriert wird, und um indigene Gebiete, in denen die Indios den Regenwald auf traditionelle Weise oder ihren Bedürfnissen gemäß bewirtschaften.

6. Man muss Amazonien vor neuen Ansiedlern schützen. Falsch. Über 20 Millionen Menschen wohnen heute in Amazonien. Sie stellen keine Gefahr dar, sie werden sogar für den Schutz von Amazonien in der Zukunft eine entscheidende Rolle spielen. Gefahr droht dem Regenwald von Großunternehmen, die Rodungen vornehmen mit dem Ziel, Weideflächen und intensive Landnutzung, Bergwerke und Erdölraffinerien sowie umfassende Infrastrukturen mit Straßen und Pipelines zu schaffen.

7. Der Reichtum des Regenwaldes kommt der lokalen Bevölkerung zugute. Falsch. Die Produkte des Regenwaldes – Früchte, Blumen, Parfums, Substanzen für die Herstellung künftiger Medikamente oder Kosmetika – gibt es natürlich, aber sie bringen den Herstellern vor Ort wenig ein, weil sie nur für einen Spottpreis verkauft werden. Die Verarbeitung der Produkte geschieht woanders, und den Profit streichen andere ein.

8. Die Agroforstwirtschaft, die den Boden bebaut, ohne Bäume zu fällen, ist die Lösung. Falsch. Die daraus entstehenden Einkommen können zwar eine ausgewogene Ernährung der anbauenden Bevölkerung garantieren, aber sie sind immer noch viel zu gering, um ihnen ein Minimum an materiellem Komfort zu ermöglichen.

9. Die Bewohner von Amazonien leben im Regenwald. Falsch. Über 70 Prozent der Einwohner Amazoniens leben in Städten, und dieser Prozentsatz nimmt wie überall auf der Erde immer mehr zu.

10. Man kann heute den verschwundenen Regenwald wieder neu wachsen lassen. Falsch. Mit einiger Mühe gelingt es, durch Aussaat von Samen, durch Düngemittel und die natürliche Regeneration neue Wälder mit verschiedenen einheimischen Baumarten zu schaffen, aber solche Wälder haben keine große Vielfalt an Flora und Fauna und erreichen nicht im Geringsten den Reichtum des Originals, das während Millionen von Jahren entstanden ist.

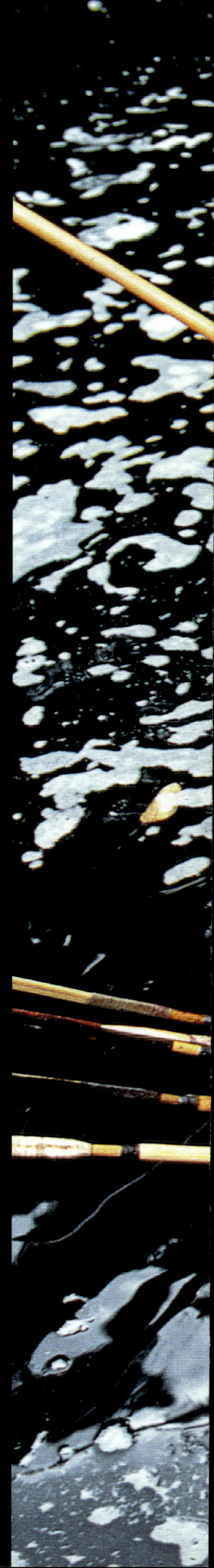

Zo'é-Indio bei der Jagd mit Pfeil und Bogen.

DER MYTHOS VOM URWALD

Der Mythos vom Urwald hält sich hartnäckig. Wir halten an der Vorstellung fest, dass Amazonien ein Naturwald war, durch den in der Urzeit kleine Gruppen von Jägern und Sammlern streiften, die mehr oder weniger Nomaden waren. Diese Auffassung ist heute nicht mehr haltbar. Als Amazonien vor fünf Jahrhunderten erobert wurde, gab es dort schon Regionen, an deren Landschaft sesshafte Völker manchmal tief greifende und durchdachte strukturelle Veränderungen vorgenommen hatten. Aber die Geschichte Amazoniens reicht noch viel weiter zurück!

Die Wissenschaftler haben sich ziemlich spät für diese Vergangenheit interessiert. Allgemein herrschte die Auffassung vor, dass die ersten Bewohner aus dem nördlichen Kontinent einwanderten. Dafür gab es einen guten Grund: Bei Ausgrabungen in Clovis im amerikanischen Bundesstaat New Mexico wurden Steinwerkzeuge gefunden, die über 10000 Jahre alt waren. Damit war diese Grabungsstätte die älteste auf dem ganzen Kontinent.

Erst zu Beginn der 1980er-Jahre gelang es der Archäologin Anna Roosevelt, einer Urenkelin des ehemaligen amerikanischen Präsidenten, die Geschichte Amerikas in ein völlig neues Licht zu rücken. In der Nähe von Monte Alegre im brasilianischen Bundesstaat Parà untersuchte sie die Höhle von Pedra Pintada (»bemalter Felsen«), die in einem Felsüberhang über dem Amazonas liegt. Sie fand Werkzeuge, Überreste von Tieren, dazu Muscheln, Nüsse und Samen, die belegen, dass hier Paläoindios über 1000 Jahre als Jäger und Sammler lebten. Große und kleine Faustkeile, Speer- und Harpunenspitzen sind ein Beweis für das technische Geschick der ersten Bewohner von Amazonien. Die neue Datierung von 12000, ja sogar 13000 Jahren schlug wie eine Bombe ein. Die Ureinwohner Amazoniens stammten also nicht von Einwanderern aus Nordamerika ab, sondern bildeten eine eigenständige Kultur, die zur gleichen Zeit existierte wie die in Nordamerika. Sie war darüber hinaus hoch entwickelt: Felsmalereien (vermutlich 7500 Jahre alt) und Bruchstücke von Tongefäßen, die zu den ältesten auf dem ganzen Kontinent zählen, beweisen das Niveau ihrer Kultur.

Die grüne Hölle, die lange Zeit als zu unwirtlich galt, um außer jagenden Nomaden auch andere Völker aufzunehmen, offenbart nun eine reiche Vergangenheit voller Überraschungen. Anna Roosevelt unternahm anschließend Grabungen auf der Insel Marajo im Amazonasdelta und fand hier eine weitere hoch entwickelte Kultur eines Volkes mit 100000 Menschen, die dort über 1000 Jahre lang lebten ... bis die Europäer kamen. In der Nähe der Stadt Santarém am Amazonas lebte ein noch besser organisiertes Volk in einem 16 Quadratkilometer großen Gebiet. Es bebaute große Flächen, pflanzte Palmbäume und betrieb intensiven Fischfang.

Schon vom 14. und 15. Jahrhundert an gab es Siedlungsgebiete mit mehreren tausend Bewohnern, vor allem am Oberlauf des Xingu-Flusses, eines der wichtigsten Nebenflüsse des Amazonas. Luftaufnahmen zeigen die Ausdehnung des Gebietes und das technische Know-how der Menschen: »Gemeinden« mit 2500 Einwohnern, Verkehrswege, Fischteiche, Plantagen, Pflanzenkulturen. Das Amazonien des Menschen ist wie das Amazonien der Natur eine komplexe Welt, die wir nicht richtig kennen.

DIE RESSOURCEN DES REGENWALDES

Der Reichtum des Amazonas-Regenwaldes bemisst sich nicht allein an der Menge seltener Hölzer, am Energiepotenzial der Wasserfälle oder der Bedeutung der Manganvorkommen. Der Regenwald besitzt auch einen unendlichen Überfluss an Früchten mit exotischen Namen wie *cupuaçu* (Großblütiger Kakao), *pupunha* (Frucht der Pfirsichpalme), *bacuri* (Bacurifrucht mit weißem Fruchtfleisch), *pitomba* (Nussfrucht), *guaraná* (Rote Früchte der Guaraná-Pflanze), *maracuja-do-mato* (Wilde Form der Passionsfrucht), *araza* (Frucht eines Myrthengewächses), *pitanga* (Surinamkirsche), aber auch eine Fülle von Pflanzen, Baumrinden und Substanzen, deren Potenzial erst in Ansätzen erforscht ist.

HEILKRÄFTIGE PFLANZEN

Die ersten europäischen Erforscher von Amazonien mussten anerkennen, dass das Überleben im Urwald nur gesichert ist, wenn man sich der indigenen Bevölkerung anvertraut, die alle Heilkräfte der Pflanzen kennt und nutzt. Die meisten Bewohner von Amazonien leben zwar in Städten, aber wer es sich leisten kann, der besitzt auch heute noch einen Gemüsegarten und dazu einen Heilpflanzengarten. Am Ufer des Rio Negro haben wir Silvino Santos getroffen, der mehrere Dutzend Pflanzen in alten Pirogen anbaut, die auf Pfählen stehen, um sie vor Hochwasser zu schützen. Darin wachsen Zwiebeln, Kohl, Salate und Suppengewürze, aber auch Heilpflanzen wie die *quebra pedra* zur Behandlung von Gallen- oder Nierenleiden oder die *babosa*, eine saftreiche Pflanze, besser bekannt unter dem Namen *Aloe vera*.

Aus der Rinde des Mangobaums in seinem Obstgarten macht er Hustensaft, aus der Rinde des Cashewbaumes eine Wundsalbe. Die Amöbenruhr, eine parasitäre Infektionskrankheit, behandelt er mit der Rinde des *castanheira*, des Paranussbaumes. Aus dem Harz des Copaiba-Baumes gewinnt er ein Muskelrelaxans und aus dem Öl des Andiroba-Baumes ein entzündungshemmendes und antiseptisches Mittel.

Der englische Ethnologe und Insektenforscher Darrell A. Posey, ein allzu früh verstorbener großer Vorkämpfer für die Rechte der indigenen Völker in Amazonien, hat gezeigt, welch erfahrene Gärtner die Kayapó sind. Sie verfügen über einen immensen Erfahrungsschatz, der im Laufe der Jahrhunderte, sogar Jahrtausende, von einem Schamanen zum anderen weitergegeben wurde. Sie sammeln nicht einfach die Pflanzen, sondern bewahren sie auf, treffen eine Auswahl und gehen klug mit ihren natürlichen Ressourcen um, selbst wenn einige von ihnen auch Wälder gerodet haben.

Die Kayapó kennen Dutzende von Pflanzen und ihren Nutzen für die Küche oder für die Bekämpfung von Krankheiten, und sie bauen sie entsprechend ihren Bedürfnissen an. Sie wissen, wie man diejenigen Pflanzen kombiniert, die am besten zueinander passen. Für jede Pflanze stellen sie einen speziellen Humus aus der Asche bestimmter Baumarten her.

Auch das Verhalten der Tiere, die ihre Nahrung bilden, ist ihnen wohlvertraut. Sie wissen, welchen Boden eine bestimmte Pflanze benötigt und in welcher Umgebung jedes Tier lebt. So entsteht ein einheitliches Ganzes in ökologischer, aber auch in spiritueller Hinsicht.

Zwischen Urwald und Savanne gibt es für die Kayapó zahlreiche Übergangszonen, in denen sie ebenfalls leben. Jede Zone hat ein eigenes Gepräge und besitzt Ressourcen, die sie nach und nach entsprechend der Natur der Böden verarbeiten, um weitere Nahrungsmittel – etwa durch Anlocken von Wild –, aber auch um Heilpflanzen für ihre Gesundheit zu erhalten.

»WALDINSEL«

Die Kayapó legen in der Natur große Gärten an, sogenannte apêtê, »Waldinseln«. In einem zehn Hektar großen apêtê hat Darrell A. Posey Hunderte von Pflanzen erfasst, die aus einer Region stammen, die so groß wie Europa ist, und von den Kayapó gesammelt wurden. Der Bau beginnt um einen kleinen Ameisenhügel herum, der nach und nach bepflanzt wird und zu einem Garten heranwächst. Die Kayapó fällen die größten Bäume, damit Licht für das Wachstum der Pflanzen einfallen kann. Mit der Zeit kommen immer neue Pflanzen dazu, sodass aus dem apêtê ein Lagerplatz entsteht, wo die Indios in Reichweite alles vorfinden, was sie brauchen. Irgendwann brechen sie dann zu einem neuen apêtê auf, um der Natur die Zeit zur Regeneration zu geben.

Ein Sammler von Paranüssen im Regenwald – eine nachhaltige traditionelle Tätigkeit (rechte Seite).

Diese wenig beachteten Kenntnisse der Natur und diese sanfte Nutzung der Ressourcen sind reale Möglichkeiten, um der Zerstörung des Regenwaldes Alternativen entgegenzusetzen.

FÜR EINE NACHHALTIGE ENTWICKLUNG

Seit mindestens drei Jahrhunderten werden die Ressourcen des amazonischen Regenwaldes mehr oder weniger intensiv bewirtschaftet: Könnten Paranuss, Kakao und Kautschuk ein Motor für eine nachhaltige Entwicklung sein? Die Erhaltung und Weiterentwicklung solcher Tätigkeiten sind unerlässlich, um die Entwaldung zu stoppen und Arbeitsplätze und Einkommen zu sichern. Aber die Experten sind zurückhaltend, denn die Nutzung natürlicher Produkte leidet oft unter Produktionsschwankungen durch klimabedingte Störungen und Probleme bei der Förderung, der Verpackung und dem Transport. Die Unternehmer, die Absatzmärkte für ihre Produkte haben, bemühen sich, den Produktionsbetrieb rentabler zu machen. In der Vergangenheit hat sich gezeigt, dass die ersten europäischen Siedler aus der Kartoffel, der Tomate und dem Tabak universelle Nahrungs- und Genussmittel machten, ohne dass die indigene Bevölkerung auch nur den geringsten Vorteil davon gehabt hätte.

Die Regierung hat die Nutzung der Guaraná-Pflanze, einer Liane mit roten Kapselfrüchten voller Vitamine, unterstützt: Eine Verordnung von 1973 verpflichtet alle Hersteller von Sirups und erfrischenden alkoholfreien Getränken, einen geringen Prozentsatz von Guaraná ihren Produkten zuzusetzen.

Die Paranuss ist in Amazonien so verbreitet wie der Apfel bei uns. Sie wächst im ganzen Amazonasbecken auf riesigen Bäumen. Der Paranussbaum, der *castanheira (Bertholletia excelsa)*, ist durch ein Bundesgesetz als wild wachsende Pflanze geschützt. Seine melonengroßen Früchte haben scharfkantige Samen, die 12 bis 18 Nüsse enthalten. Ein Baum bringt es pro Jahr auf 150 Kilogramm Früchte, die von

In Belém findet mit dem »Cirio de Nazaré« (unten), einer Marienprozession, eines der bedeutendsten Feste der katholischen Kirche statt. Zugleich wird das Einbringen der Ernten gefeiert, wofür alle ihren Beitrag geleistet haben. Rechts ein Zo'é-Indiokind bei einer Zeremonie.

KÜCHENCHEF LAURENT UND DIE BIOLOGISCHE VIELFALT AMAZONIENS

In der Person von Laurent Suaudeau gewinnen einheimische Produkte, die er seit 30 Jahren intensiv studiert, ihr Aroma, ihren Duft und Wohlgeschmack. Mit 23 Jahren kam er zusammen mit Paul Bocuse nach Rio de Janeiro, um dort die Küche des Hotels Méridien zu übernehmen. »Brasilien war damals völlig abgeschottet, nichts wurde eingeführt, und die Gastronomie bestand aus einem Steak mit Dauphinkartoffeln. Es gab keine Butter, keine Sahne und kein Olivenöl, das diesen Namen verdiente. Da ich gewohnt war, regionale Produkte zu verarbeiten, habe ich auf den Märkten nachgeschaut. Ich entdeckte den Maniok, die Süßkartoffel und große Passionsfrüchte. Stolz schrieb ich auf meine Speisekarte: Entenbrust mit Tupuci-Sauce (»mit Manioksaft«). Die feine Gesellschaft von Rio de Janeiro war davon nicht angetan ...« Dreißig Jahre sind nun vergangen. Laurent Suaudeau hat in Saõ Paolo eine Kochschule eröffnet, und Brasilien entdeckt, wie er landeseigene Produkte verarbeitet, die zuvor verschmäht wurden. Wir haben eine außergewöhnlich feine Terrine aus Bacurifrucht und Banane gegessen. Ihm ist es zu verdanken, dass die Kakaofrucht *cupui*, die Frucht des Pfirsichbaums *pupunha* und die Kirschmyrte *pitomba* den ihnen zustehenden Rang erhalten haben. Gerösteten Cashewkernen zieht er den frischen Kaschuapfel vor. Er zeigt den Einheimischen, wie man den tanninhaltigen Teil entfernt, das Fruchtfleisch ausdrückt und es 24 Stunden bei 850 Celsius kocht, um den bernsteinfarbenen Cajuina-Saft zu gewinnen. Daraus macht er ein Gelee, das zusammen mit Kokosmilch und der *cachaça*, einem Schnaps, verkostet wird. Doch sein ganzes Glück ist es, junge Menschen aus den Armenvierteln für die Gastronomie zu begeistern. Einer von ihnen hatte einen Riesenerfolg bei der Veranstaltung »Kunst und Gastronomie«, die Laurent Suaudeau im Museum für Moderne Kunst in Saõ Paulo organisierte.

»WUNDERMOLEKÜLE«
Um der indigenen Bevölkerung einen gerechten Anteil an der Biodiversität ihrer Heimat zu sichern, wurden 40 000 Proben aus Pflanzen genommen und analysiert. Tatsächlich waren 10 000 davon so interessant, dass sie im Hinblick auf ihren pharmazeutischen Wert weiter untersucht wurden.
Heute haben zwar die meisten Medikamente noch immer eine natürliche Grundlage, aber viele Chemiker ziehen die synthetischen Substanzen vor. Die Hoffnung auf eine neue Wertschätzung der natürlichen Ressourcen richtet sich eher auf Nahrungsergänzungsmittel, Aromatherapie, Kosmetika und ätherischen Öle.
(Quelle: Die thematischen Dossiers des Institut de recherche pour le développement, IRD).

Kleinbauern geerntet werden. Das ist eine gute Möglichkeit, ein regelmäßiges Einkommen zu erzielen, ohne gleich den Wald abzuholzen.
In der Gemeinde von Manicoré im Süden des Bundesstaates Amazonas war die Paranuss von alters her ein wirtschaftlicher Faktor, bis sie eines Tages von einem giftigen Pilz befallen wurde, der sie ungenießbar machte. Die Marktpreise brachen ein. Das brasilianische Institut zur Bildung und Entwicklung nachhaltiger Geschäftsstrategien (IBENS) wurde um Hilfe gebeten. In Zusammenarbeit mit den Bauern führte das Institut neue Methoden der Ernte und Lagerung ein, sodass der Pilzbefall gestoppt werden konnte. Aber die Geschichte geht noch weiter: Das Institut entwickelte gemeinsam mit den Bauern eine neue Produktionsweise: Die Bauern selbst verpacken die Nüsse für den Export. Die Einkommen stiegen um das Siebenfache, und mehrere Hundert Familien können jetzt davon leben. Die Regierung garantiert ihnen, dass der seit mehreren Generationen bewirtschaftete Boden als ihr kollektives Eigentum anerkannt wird. Der mehr als 300 000 Hektar große Urwald ist nun ein Reservat und besitzt das Gütesiegel FSC (Forest Stewardship Council): zertifizierter Wald mit nachhaltiger Nutzung.
Einige Produkte des Regenwaldes sind gegenüber Importgütern nicht mehr konkurrenzfähig. So ist die Kakaoproduktion um die Hälfte zurückgegangen, was in der Handelsbilanz mit 40 Millionen Euro jährlich zu Buche schlägt.

DIE EINKOMMEN MEHRERER HUNDERT FAMILIEN STIEGEN UM DAS SIEBENFACHE, UND DER URWALD IST EIN NATURSCHUTZGEBIET MIT NACHHALTIGER NUTZUNG GEWORDEN.

Ernte des Maniok bei den Tucano-Indios in Amazonien (oben).
Auch im Urwald arbeiten Imker auf die gleiche Weise wie in Europa (rechte Seite oben). Die zähen Fasern der Strickpalme werden als Piassava gesammelt (unten) und zu Matten, Seilen und Besen verarbeitet.

Noch schlimmer steht es um den Kautschuk: Die traditionelle Ernte von Latex im Regenwald stellt trotz der Subventionen nur noch 1,8 Prozent der nationalen Produktion dar, die nun von Plantagenanlagen mit Kautschukbäumen getragen wird. Das hinderte im Jahr 2010 Brasilien nicht, 260 000 Tonnen Kautschuk für 60 Millionen Euro zu importieren.

300 000 SELBSTBEWUSSTE FRAUEN HABEN SICH IN EINER ORGANISATION ZUSAMMENGESCHLOSSEN, UM SICH GEGEN DEN WEITEREN ANBAU VON SOJA ZU WEHREN.

NUSSKNACKERINNEN

Der ebenso harte wie schlecht bezahlte Beruf von 300 000 Frauen in den Bundesstaaten Pará, Tocantins, Maranhaõ und Piauí besteht darin, Babassu-Nüsse, Früchte eines Palmenbaumes, zu ernten und aufzubrechen. Der Baum wächst in einem 18 Millionen Hektar großen Regenwaldgebiet. Ihre Tätigkeit geriet durch die immer größer werdenden Flächen für die Viehzucht und den Anbau von Soja in Gefahr. Doch die Frauen haben sich zu ihrer Verteidigung in einer Organisation zusammengeschlossen. Im Jahr 2007 erkannte das Parlament ihre Rechte an den von ihnen bewirtschafteten Regenwaldgebieten an. Die von den Palmenbäumen stammenden Produkte vermarkten sie nun selbst.

DIE AÇAI-BEERE

Diese Beere mit festem Fruchtfleisch hat eine violette, fast schwarze Farbe und erinnert an eine Heidelbeere oder eine schwarze Johannisbeere. Sie wächst in großen Trauben auf der Spitze des hohen Palmenbaums *Euterpe oleracea*, einer hauptsächlich am Unterlauf des Amazonas heimischen Baumart. Man muss es gesehen haben, wie schnell die Beerenpflücker barfuß die Bäume hinaufklettern und mit gut gezielten Hieben der Machete die Beeren ernten.

In Belém, der Hauptstadt des Bundesstaates Pará, gehörte die Açai-Beere schon immer zur traditionellen Ernährung der armen Bevölkerung. Püriert und unter Maniok oder Fisch gerührt, wird daraus eine preiswerte, köstliche Speise und zudem ein wirkungsvoller Appetitzügler. Erst als Saft und als Eiscreme wurde die Beere salonfähig. Einige Jahrzehnte später wurde sie zum Energiedrink für Sportler und kam als Açai-Sorbet in den Restaurants von Saõ Paulo und an den Stränden von Rio in Mode. Schließlich eroberte sie die ganze Welt. Dennoch musste der brasilianische Jet-Set erst davon überzeugt werden, dass diese regionale Frucht der Armen genau so hip sein konnte wie die Madagaskar-Vanille.

Die Produzenten waren eifrig bemüht, die Açai-Beere mit einem positiven Image auszustatten. Sie steigere nicht nur die Energie der Sportler, sondern auch die sexuelle Leistungsfähigkeit, helfe beim Abnehmen, stärke die Immunabwehr, schütze vor Herzerkrankungen, vor Diabetes und Alzheimer und verlangsame den Alterungsprozess. Forscher haben manche günstige Wirkung der Beere bestätigt, weil sie tatsächlich ein Energieträger ist, viele Ballaststoffe hat und sehr viele Antioxidantien besitzt, was so schlecht auch wieder nicht ist.

Die Beere gibt es in Form von Keksen, Kapseln und Bonbons, als Sirup, Gel und Salbe und sogar als hochprozentigen Alkohol. Schiffe aus dem ganzen Land kommen heutzutage nach Belém und Manaus zum Entladen ihrer Tausende von Tonnen wiegenden Fracht von Açai-Beeren. Der Palmenbaum ist ein Glücksfall und wird deshalb massenhaft angepflanzt. Und so fand ein leicht säuerlich schmeckender Bio-Cocktail den Weg in unseren Eisschrank, gemischt aus Granatäpfeln, Heidelbeeren, blauen Weintrauben, Cranberries, Holunderbeeren, Aroniabeeren und dem Fruchtfleisch der Açai-Beere – eine Köstlichkeit der Globalisierung.

Ein Sammler von Açai-Beeren (oben).
Eine Boa constrictor als Haustier (folgende Doppelseite).

1200 NEUE ARTEN IN NUR ZEHN JAHREN

Innerhalb der letzten zehn Jahre entdeckte man in den neun südamerikanischen Staaten des Amazonas-Regenwaldes ungefähr 1200 neue Arten von Pflanzen und Wirbeltieren. An jedem dritten Tag wird eine neue Art gefunden! Mehrere tausend Wirbellose kommen noch hinzu, vor allem Insekten.

Eine Bestandsaufnahme ergibt 637 Pflanzen, darunter 78 Orchideenarten und eine fleischfressende Pflanze, 257 Fischarten, darunter ein merkwürdiger roter, blinder Katzenfisch von dreieinhalb Zentimetern Länge, der in unterirdischen Gewässern lebt; 216 Amphibien, darunter 22 Baumfroscharten; 55 Reptilien, darunter eine Schildkröte; 28 Schlangen mit einer neuen, vier Meter langen Anaconda-Art und 26 Echsen; 16 Vogelarten, darunter eine Falkenart und ein großer Papagei mit Glatze und sehr buntem Gefieder; 39 Säugetierarten, darunter ein rosa Delfin, sieben Affen und ein zahmes Acarí-Seidenäffchen, das in einem abgelegenen Dorf in Amazonien entdeckt wurde, zwei Stachelschweine, acht Mäuse, neun Fledermäuse, sechs Opposums, fünf Ratten und ein Meerschweinchen. Eine Aufzählung der vielen tausend Wirbellosen, die in den letzten zehn Jahren von Hunderten von Forschern in diesem riesigen Gebiet entdeckt wurden, ist unmöglich. Eine neue Ameisenart sei erwähnt, die erste, die nach 1923 entdeckt wurde, die *Martialis heureka*; sie ist blind, lebt in der Erde und könnte direkt von den ersten vor 120 Millionen Jahre erschienenen Ameisen abstammen. Erwähnt sei auch noch unter den etwa 50 Spinnenarten eine fuchsrote Tarantel mit blauen Krallen, die in Guyana entdeckt wurde.

DIE VÖLKER DES AMAZONAS-REGENWALDES

»Als Nachfahren des stolzen Volkes, das mit dem großen Kontinent pfleglich umging und im Einklang mit der Natur lebte, haben wir den sinnlosen Umgang mit unserem Land und unseren Völkern erdulden müssen.«
Ein Kalinga-Indio aus Surinam

VÖLKERMORD

Bei der Landung der Europäer vor 500 Jahren setzten sich die indigenen Völker aus zwei bis vier Millionen Menschen zusammen. Heute leben in Brasilien etwa 227 indigene Völker mit insgesamt 370 000 Personen und 180 Sprachen. 60 Prozent von ihnen leben in Amazonien und 10 bis 15 Prozent leben in Städten. Die Koordination der indigenen Organisationen des brasilianischen Amazonasgebietes (COIAB) gibt nach eigener Zählung 460 000 Mitglieder an, die zu 165 Völkern gehören und 40 Prozent der indigenen Gemeinschaft repräsentieren, die damit 1 075 000 Menschen zählen würde.

Seit 1910 kümmerte sich die brasilianische Regierung um die indigenen Völker und gründete den Dienst zum Schutz der Indios (SPI). Aber es ging nur um ihre Integration, die notfalls auch mit Gewalt durchgesetzt wurde.

Im 20. Jahrhundert erreichte die Besiedlung das Innere des Landes, und die Probleme mit der einheimischen Bevölkerung nahmen zu. Die Siedler verhielten sich wie die amerikanischen Pioniere bei ihrem Zug nach Westen: Störenfriede räumten sie mit dem Gewehr aus dem Weg oder mit toxischen Gasen, auch mit Gift wie Arsen. Sie mischten es in den Zucker und überreichten ihn als Geschenk.

Wer diesen Massakern entkam, drohte immer noch an Krankheiten zu sterben. Ein Führer aus dem Stamm der Matis im äußersten Westen von Amazonien hat eine bittere Erinnerung an den ersten Kontakt mit den Weißen Ende der 1970er-Jahre. In den Monaten nach dieser Begegnung starb von den 350 Mitgliedern seines Stammes die Hälfte an einer Krankheit – wahrscheinlich an einem einfachen Schnupfen. Die drei Brüder Villas Bôas, Experten für indigene Völker, konnten dennoch 1961 nach heftigen Auseinandersetzungen mit Großgrundbesitzern und Spekulanten im Mato Grosso das erste große Schutzgebiet für indigene Völker von der Größe Belgiens einrichten, aus dem der Xingu-Nationalpark hervorging.

Auch an anderen Stellen versuchten die indigenen Völker der ständig wachsenden Zahl von Abenteurern Widerstand zu leisten, die der Reichtum und die Bodenschätze des Regenwaldes anlocken. Das Gebiet Cinta Larga (»breiter Gürtel«, weil die Indios Gürtel aus Baumrinde trugen) an der Grenze der Bundesstaaten Rondônia und Mato Grosso wurde von Hunderten von *garimpeiros* (Goldsucher) und *seringueiros* (Kautschuksammler) überschwemmt. 1963 beschloss Antonio Mascarenhas Junqueira, Chef der Kautschukfirma Arruda, Junqueira & Co., die Ureinwohner auszurotten. Er mietete ein Flugzeug und warf Dynamitstangen auf die Dörfer. Seine Handlanger auf dem Boden vollendeten dann den Massenmord.

Dieser an Völkermord grenzende Vorfall vor 50 Jahren ist unter dem Namen »Das Massaker des 11. Breitengrades« bekannt. Der Dienst zum Schutz der Indios wurde ersetzt durch die Funai, die Regierungsbehörde für indigene Angelegenheiten, die eine effektivere Politik zum Schutz der Ureinwohner einleitete.

Auch der Bau von Straßen durch den Regenwald traf auf den erbitterten Widerstand der indigenen Völker, zum Beispiel der Waimiri-Atroari, Yanomami, Arara, Parakanã, Cinta Larga und Nambikwara. Nach Egydio Schwade kamen in den 1970er-Jahren bei dem Bau der Straße BR-174 im Abschnitt Manaus-Boa Vista 2000 Waimiri-Atroari ums Leben.

Yanomami-Indios im Maturacá-Reservat am Rio Cauburis im Bundesstaat Amazonas (rechte Seite oben).
Unten die fünf letzten Überlebenden des Volkes der Akuntsu. In den Siebziger- und Achtzigerjahren wurde der Stamm von Viehzüchtern nahezu ausgerottet.

1973 begann die Grenzziehung der indigenen Gebiete durch die *sertanistas*, so nennt man in Brasilien die Experten für Indianerfragen. Anthropologen unterstützten sie. Es bereitete einiges Kopfzerbrechen, die Grenzen der Gebiete von oft verfeindeten Stämmen festzulegen. Diese komplexe Aufgabe zwang die Funai auch dazu, sich mit den unkontaktierten Völkern zu beschäftigen. Am Anfang wurden Fehler gemacht. Bei gut gemeinten Kontaktaufnahmen infizierten sich die Stämme mit Krankheiten. Spezialeinheiten bekamen aber immerhin die Aufgabe, ein weiteres Vordringen der Goldsucher auf indigenes Gebiet zu verhindern.

Die brasilianische Bundesverfassung von 1988 erkannte die historischen Rechte der Indios auf ihr Land und ihre soziale Organisation an. Die Indios tragen ihrerseits zur Verteidigung der nationalen Sicherheit bei, indem sie eine Wächterrolle übernehmen. Im Bundesstaat Acre an der Grenze von Peru und Brasilien schlagen die Ashaninka Alarm, wenn Drogenhändler ins Land zu kommen versuchen.

Dennoch bleibt die Lage angespannt. 2004 reagierten die Cinta Larga mit einem Aufstand gegen die Eröffnung der größten Diamantenmine Brasiliens auf ihrem Gebiet und töteten 29 Goldsucher. Seither gibt es ein Abkommen mit der Regierung zur Schließung der Mine, aber die Goldsucher kümmern sich nicht darum. Sie kehrten 2012 wieder zurück.

Zahlreiche indigene Gruppen nennt man »isoliert« oder »unkontaktiert«. Häufig sind es Völker der Bundesstaaten Rondônia und Amazonas, die vom ersten Kontakt mit der modernen Welt traumatisiert wurden und vor der zunehmenden Besiedelung fliehen. Sie nennen sich »freie« Völker, aber ihre Freiheit ist stark eingeschränkt, weil sie weder Übergriffe auf ihr Gebiet noch Epidemien noch Ausschreitungen durch die Goldsucher verhindern können.

Wie in so vielen anderen Orten der Welt sind auch in Amazonien die indigenen Völker in einer prekären Lage. Sie haben keine ärztliche Versorgung, kein sauberes Trinkwasser, keine Abwasserentsorgung, von Ausbildung ganz zu schweigen. Ihre Lebenserwartung liegt weit unter dem nationalen Durchschnitt. Sie sind aber fest entschlossen, ihr Schicksal selbst in die Hand zu nehmen. Über nationale Grenzen hinweg schließen sie sich zusammen, um ihre Rechte zu verteidigen und an Entwicklungsprojekten beteiligt zu werden, die sie unmittelbar betreffen. Sie halten sich für zwar »geschwächt«, jedoch für »unbesiegt«.

Ihre stärkste Kraft liegt heute paradoxerweise in der Globalisierung, die ihnen so großes Unrecht angetan hat. Jetzt finden sie auf der ganzen Welt Gehör, angesehene Wortführer wie der Kayapó-Häuptling Raoni werden von Staatsoberhäuptern empfangen, und die öffentliche Meinung unterstützt sie immer mehr.

DIE ZO'É-INDIOS

Die Zo'é leben im Nordosten des Bundesstaates Pará zwischen den Flüssen Cuminapanema, Erepecuru und Urucuriana. Ein besonderes Kennzeichen des Stammes ist der *puturu*, ein Unterlippenpflock, den sie ab dem sechsten Lebensjahr bis an ihr Lebensende tragen und der mit seinem Träger »mitwächst«. Sie sind ein Volk von Jägern und Sammlern, bauen aber neben vielen anderen Pflanzen auch fünf Sorten Maniok an sowie Yuca, Bananen, Süßkartoffeln und den Rukustrauch, dessen Samen sie als Gewürz und als Pigment für ihre Körperbemalung benutzen. Die Zo'é sind wie viele andere Stämme in Amazonien sehr geschickte Weber, und sie stellen alle ihre Geräte, Werkzeuge und Wurfgeschosse selber her.

Ihr erster offizieller Kontakt mit der Außenwelt fand 1989 statt. Die Funai erhielt in diesem Jahr besorgniserregende Informationen über ihren schlechten Gesundheitszustand. Nach Begegnungen mit Weißen war ein Viertel des Stammes an ansteckenden Krankheiten gestorben. Den Überlebenden wurde zwei Jahre lang ärztliche Hilfe zuteil, danach zog sich die Funai zurück, sie hatte ihre Aufgabe erfüllt. Dieser dramatische Vorgang wirft ein bezeichnendes Schlaglicht auf die Anfälligkeit der indigenen Bevölkerung in Amazonien.

Im Jahr 1996 war die Funai erneut in ernster Sorge, weil sie nach eigenen Recherchen feststellen musste, dass die Kultur und die soziale Organisation der Zo'é vom Zerfall bedroht waren. Mit dem Erlass Nr. 365 vom 20. April 2001 erkannte das Justizministerium ihre vollen Besitzrechte über ihr historisches Territorium von 642 000 Hektar an. Um dieses Gebiet herum wurde 2008 eine 20 Kilometer breite Pufferzone eingerichtet, deren Betreten verboten war. Mit den Jahren wurde ihr Land zu einem Schutzgebiet, in dem nur eine nachhaltige Nutzung erlaubt ist.

In diesem Zusammenhang ermunterte man die Zo'é, selbst die Überwachung ihres Territoriums in die Hand zu nehmen und in Übereinstimmung mit ihrer traditionellen Lebensweise wirtschaftliche Tätigkeiten zu entwickeln. Die Kinder lernen lesen und schreiben und eignen sich ihre eigene Sprache und Kultur an. Aber der Zugang zu umfassender medizinischer Versorgung ist nach wie vor nicht gesichert.

Die Zo'é sind heute eine Art Aushängeschild für die Beziehungen der Regierung zu den indigenen Völkern. Ihre Lebensweise, ihre Sitten und ihr offenes Wesen bieten den Anthropologen, Medizinern und Experten für Indianerfragen sowie den Medien interessante wissenschaftli-

Die Fischer des Amazonas, oben der Hafen von Belém. Die Fischer arbeiten mit einfachen Mitteln (rechte Seite) wie Fischfallen (oben) und Wurfnetzen. Fischer in der Amazonasmündung (folgende Doppelseiten).

VERSCHMUTZUNG DURCH QUECKSILBER

Eine heimtückische Gefahr bedroht die Bevölkerung in Amazonien: das von Goldwäschern benutzte Quecksilber. Es bindet Gold, und dieses Amalgam wird erhitzt, um die beiden Metalle wieder voneinander zu trennen. Dabei verdampft das Quecksilber und gelangt später mit dem Regen in die Flüsse. Dort bleibt es an den Wasserpflanzen hängen. Die Fische fressen diese Pflanzen und sind ihrerseits ein Nahrungsmittel für die Menschen. Die Milch der Frauen in Amazonien hat einen Quecksilbergehalt, der zu den höchsten in der Welt zählt.

che Themen. Und doch behalten sie dabei ihren Status eines isolierten Volkes.

DIE FISCHER DES AMAZONAS

Nach dem Maniok ist der Fisch das wichtigste Grundnahrungsmittel der Bevölkerung am Amazonas. Für die Indios oder die Caboclos richtet sich der Fischfang nach den wechselnden Wasserständen des Flusses. Von den 1200 bis 1500 Fischarten im Amazonas sind ungefähr 200 für die Fischer interessant. Sie bevorzugen Weißwasserflüsse wie den Amazonas, weil sie nährstoffreich sind und viel mehr Fische haben als Schwarzwasserflüsse wie der Rio Negro.

In der Zeit des Hochwassers regeneriert sich zwar der Fluss und der Regenwald, aber die Trockenzeit ist für den Fischfang günstiger, weil die Fische aus Wassermangel zusammenrücken müssen und leichter zu fangen sind.

Oft trifft man auf dem Amazonas einzelne Fischer, manchmal auch Kinder, die Fische mit dem Wurfnetz fangen, einem kreisrunden Netz mit Bleigewichten an den Rändern. Die Kleinfischer arbeiten allein oder zu zweit in einer Art Kanu, von dem aus sie die Netze auswerfen. Bei größeren Netzen braucht man mehrere Boote und eine richtige Mannschaft, die das Netz beim Fischfang bis zum Ufer zieht. In der Flussmündung des Amazonas ziehen zwei große Schiffe zusammen die Schleppnetze.

Die meisten Indios fischen mit Pfeil und Bogen in den Zonen, wo es klares Wasser gibt oder wo die Fische an die Oberfläche kommen. Die Größe von Pfeil und Bogen richtet sich nach der Größe des Fisches, den man fangen will. Selbst sehr junge Kinder fischen ziemlich erfolgreich mit Miniaturbogen und Miniaturpfeil.

Eine weitere, sehr häufig angewandte Technik ist der Fischfang mit Gift. Einige giftige Lianen werden zuerst mit Stockhieben zerstoßen und dann auf der Oberfläche eines geschlossenen Gewässers hin- und herbewegt. Ein weißlicher Saft fließt aus den Lianen und färbt das Wasser. Nach einigen Augenblicken kommen die Fische an die Oberfläche, weil sie keinen Sauerstoff mehr haben oder vergiftet sind, und die Fischer brauchen sie nur noch einzusammeln.

Der Stamm der Enawene Nawe ist beim Fischen sehr viel anspruchsvoller. Der Fischfang ist Bestandteil eines Rituals, das »Bewahrung der Harmonie der Welt« heißt und vier Monate dauert. Sie huldigen zu Beginn ausführlich den Yakairiti, das sind Erdgeister, denen Fisch und Salz gehört. Dann fahren sie den Rio Preto stromaufwärts an eine Stelle, wo der Fluss sich verengt. Dort errichten sie aus Ästen einen großen Holzdamm mit einem Gitter aus dünnen Zweigen. Trichterförmige, von Hand geknüpfte große Reusen werden in diesen Damm eingelassen. Jetzt warten sie nur noch auf die Fische, die von ihren Laichplätzen am Oberlauf des Flusses zurückkehren und dabei in diese Reusen geraten.

Alles wäre in Ordnung, wenn nicht die Entwaldung und der Bau von Staudämmen dieses Ritual stören würden. Seit einigen Jahren kommen keine Fische mehr. 2009 musst das Unternehmen, das einen Staudamm baute, drei Tonnen Zuchtfische kaufen, um das Überleben des Stammes zu sichern. Die Harmonie der Welt ist in Gefahr.

DER PIRARUCU: MANN GEGEN TIER

Das Mamirauá-Reservat ist eine periodisch überschwemmte Auwaldregion mit vielen Seen, es liegt am linken Ufer des Rio Solimões, wie der Amazonas oberhalb von Manaus genannt wird. Die Gewässer sind voll von einem der größten Süßwasserfische, dem *Pirarucu (Arapaima gigas)*, der um die zwei Meter lang und 250 Kilogramm schwer wird. »Der Fang des Pirarucu geschieht nachts. Aber die Nacht ist nie völlig dunkel. Um drei Uhr morgens dämmert es schon ganz schwach. Das genügt.« Nach vorne gebeugt in seiner winzigen Piroge lauscht der Fischer – oder besser der Jäger – mit angespannten Sinnen in die Nacht hinaus. In der einen Hand hält er seine lange Harpune, in der anderen treibt er das Boot mit einem kleinen Paddel an, das er immer im Wasser lässt, um möglichst kein Geräusch zu machen – ein Augenblick vollkommener Magie.

Da – ein merkwürdiges Schmatzen an der Wasseroberfläche, das leise Geräusch eines Wasserstrudels. Der Pirarucu schnappt an der Oberfläche nach Luft. Er ist kein Säugetier, aber trotz seiner Kiemen, die den im Wasser gelösten Sauerstoff aufnehmen können, muss er unbedingt alle zehn oder fünfzehn Minuten auftauchen und Luft holen, denn seine Schwimmblase, die ihn im Wasser stabilisiert, funktioniert wie eine Lunge, sodass er in Trockenzeiten notfalls in einem sehr sauerstoffarmen Wasser überleben kann.

Der Fisch bleibt kaum eine Sekunde an der Oberfläche. Sein Atemgeräusch genügt dem Fischer, um seine Größe und sein Gewicht abzuschätzen. Sein Urteil steht fest. Vielleicht hat er auf diesen Moment seit ein, zwei oder drei Jahren gewartet. Er geht zur äußersten Spitze der Piroge. Seine Muskeln sind angespannt. Er lauert auf das nächste Auftauchen. Zehn Minuten können eine Ewigkeit sein. Im entscheidenden Augenblick wirft er die Harpune, und sie trifft genau in dem Moment, als der Fisch wieder auftaucht. Nun setzt der Kampf zwischen Mann und Tier ein, eine zeitlose Szene aus dem Leben mitten im Amazonas.

NOT

MASS

NAHMEN

IM AUGE DES ZYKLONS

Rita Mesquita, Professorin am Nationalen Amazonasforschungsinstitut (INPA) in Manaus, der Hauptstadt des Bundesstaates Amazonas, wirft einen neuen Blick auf den Regenwald, den sie seit 30 Jahren wissenschaftlich erforscht.

»Meiner Meinung nach steht Amazonien vor weitreichenden Veränderungen. Einige davon gehen auf die Entwaldung, die Verstädterung, die neuen Verkehrswege, die Industrialisierung und die Förderung von Rohstoffen zurück, und darauf haben die Behörden direkten Einfluss. Aber der globale Klimawandel, der auch an Amazonien nicht spurlos vorübergeht, ist von uns nicht kontrollierbar, sodass wir die langfristigen Folgen gar nicht einschätzen können. Es wäre jetzt Zeit, vor Ort eine Vielzahl von Untersuchungen mit einer neuen Forschergeneration durchzuführen, um eine Bestandsaufnahme zu machen und zu verstehen, in welcher Weise sich der Klimawandel auf den Regenwald und seine Bewohner auswirkt, das heißt auch, ob und inwieweit sich beide anpassen können.

Wenn ich Amazonien nach 30-jähriger Forschungsarbeit beschreiben sollte, dann fällt mir Gaia ein, die Erde, die nach der berühmten Theorie von James Lovelock ein Lebewesen ist. Der Regenwald besteht aus unterschiedlichen Teilen, die alle miteinander vernetzt sind wie die Organe unseres Körpers. Wir sterben, wenn unser Herz, unsere Leber und unsere Lungen aufhören zu funktionieren. Der Regenwald besteht aus Holz, Humus, Wasser und Lebewesen, aber er ist mehr als die Summe seiner Teile. Mein Lehrer Eugene Odum, einer der Begründer der Ökologie, pflegte zu sagen: ›Ein Ökosystem ist sehr viel mehr als die Summe seiner einzelnen Komponenten.‹

Die Forschung ist heute zu spezialisiert. Jeder sieht nur noch sein Fleckchen Erde. Jeder kennt ein Detail, aber niemand das Ganze. Um Amazonien zu verstehen, muss Wissenschaft auf eine neue Art und Weise betrieben werden, vielleicht so wie im 17. oder 18. Jahrhundert, als die Wissenschaftler Naturforscher waren und über Kenntnisse vom Boden, von Pflanzen und Insekten, von Krustentieren und Vögeln verfügten. Um das komplexeste Ökosystem der Erde zu begreifen, müssen wir rasch eine globale Sicht entwickeln. Denn der Regenwald verschwindet und mit ihm Tier- und Pflanzenarten, die wir noch gar nicht kennen. Wir verlieren jeden Tag Informationen, die vielleicht für die Menschheit überlebenswichtig sind.

Um die Wechselbeziehung zwischen Regenwald und Atmosphäre zu verstehen, haben wir mit 600 Forschern aus Brasilien, den Vereinigten

EINE NATÜRLICHE PUMPE

Ein großer Baum holt sich aus der Atmosphäre im Durchschnitt 300 Liter Wasser täglich. Er speichert es und gibt es über sein Laub als Wasserdampf zurück. Diesen Vorgang nennt man Evapotranspiration. Der Wasserdampf bindet sich an flüchtige Verbindungen aus den Blättern, steigt in die Atmosphäre und bildet Wolken, die sich abregnen, wenn sie zu schwer werden. Und dann beginnt der Zyklus von neuem ... sofern er nicht gestört wird.

Immer wieder werden große Flächen Regenwald durch Brände zerstört (vorhergehende Doppelseite), hier im Bundesstaat Parà.
Der Pororoca (rechts) ist eine mächtige Gezeitenwelle aus dem Atlantik, die den Amazonas hinaufläuft. Das Wasser spielt für das Funktionieren des amazonischen Ökosystems eine entscheidende Rolle.

Staaten, Europa und Japan vor 15 Jahren ein großes Forschungsprojekt zur Untersuchung dieses Zusammenhangs gestartet (Large-Scale Biosphere-Atmosphere Experiment, LBA). Experten auf dem Gebiet der Umwelt, der Ökologie, der Chemie, der Sozialwissenschaften, der Landwirtschaft und Fernerkundung haben hier zusammengearbeitet. Hier müssen wir weitermachen, und zwar vor Ort. Wir haben mit LBA z.B. den Nachweis geliefert, dass Amazonien wie eine gigantische Wasserpumpe funktioniert: Erst wird das Wasser in die Atmosphäre abgegeben (über dem Regenwald gibt es in den feuchten Luftmassen so viel Wasser wie im ganzen Flussbecken des Amazonas!), dann fällt das Wasser als Regen wieder in das Amazonas-Becken und noch weit darüber hinaus. Wir fanden heraus, dass ein solcher Kreislauf sich viermal abspielt, bevor ein neuer einsetzt. Was geschieht, wenn Wasserdampfwolken über entwaldeten Gebieten stehen? Sie regnen nicht ab, es gibt kein Wasser. Gewaltige Wassermengen gehen so verloren. Wie sehen die langfristigen Folgen dieses Verlustes aus? Wir wissen es nicht. Können wir rasch wachsende Bäume wie beispielsweise Eukalyptus anpflanzen? Übernehmen sie dann die gleiche Funktion wie die großen Bäume im Regenwald? Ich habe so meine Zweifel ...

Die Ökologie behauptet, das Klima kontrolliere das Leben. Wo es regnet, da gibt es eine üppige Vegetation. Wo es nicht regnet, entsteht eine Wüste. Aber jetzt stellen wir fest, dass es genau umgekehrt ist: Der Wald kontrolliert das Klima! Das ist neu und macht Angst. Zumindest wissen wir aber, was uns erwartet, wenn wir mit der Rodung des Regenwaldes so weitermachen. Die Wüste nimmt dann seinen Platz ein.«

LAND OHNE MENSCHEN FÜR MENSCHEN OHNE LAND

»Während Sie diesen Artikel lesen, wird im brasilianischen Regenwald ein Gebiet, das so groß wie 150 Fußballfelder ist, zerstört«, so lautete eine Überschrift in der Zeitschrift *National Georgraphic* im Jahr 2007. Das Fußballfeld dient schon lange als verständlicher Maßstab, um der Öffentlichkeit über das Ausmaß der Zerstörung des Regenwaldes die Augen zu öffnen.

Die Entwaldung schreitet in einem riesigen Halbbogen in Richtung Nordosten voran und führt zum Verschwinden des Regenwaldes in den Bundesstaaten Maranhaõ, Tocantins, Pará, Mato Grosso, Rondônia, Amazonas und Acre. 80 Prozent der Entwaldung geschieht in den drei Bundesstaaten Pará, Mato Grosso und Rondônia. Die Entwaldung hat viele Ursachen: neue Straßen (80 000 Kilometer in 30 Jahren), Verstädterung, Viehzucht (80 Millionen Tiere), Nutzung von Holz und Anbauflächen.

1980 ging der Regenwald in Brasilien nur um drei Prozent zurück. Schon damals war die Rede davon, dass es ihn bei diesem Tempo in 25 Jahren nicht mehr geben würde. 2005 lag der Prozentsatz für die gesamte gerodete Fläche bei 20 Prozent. Die angekündigte Katastrophe hat also nicht stattgefunden. Ihren Höchstwert erreichte die Entwaldung 1995 mit 29 059 Quadratkilometern. Die Entwaldung blieb konstant unter 20 000 Quadratkilometer jährlich bis zum Jahr 2005, in dem sie 26 130 betrug.

Bei einer von der Regierung geplanten groß angelegten Offensive zur Entwaldung dieses lebensfeindlichen Gebiets wurden Tausende landlose Landarbeiter eingesetzt, die hauptsächlich aus der Wüstenregion des Nordosten kamen. Die Regierung wollte hier präsent sein, das Gebiet nicht zu verlieren. Die Arbeiter galten ein bisschen als Helden, so wie die Pioniere in Amerika, die sich zwei Jahrhunderte zuvor zur Eroberung des Westens aufmachten. Das nationale Motto lautete damals: »Land ohne Menschen für Menschen ohne Land«.

Fazendas, landwirtschaftliche Großbetriebe, wurden eingerichtet und Investoren wurden von Steuern befreit, um riesige Flächen in Amazonien zu kaufen und zu roden. In den 1980er-Jahren verwüsteten Brände Millionen Hektar Regenwald, und Brasilien wurde auf internationaler Bühne vorgeworfen, nichts zu tun, um die Lunge der Erde zu schützen. Al Gore, Gorbatschow und Mitterrand machten gemeinsam den Vorschlag, internationalen Organisationen die Verwaltung von Amazonien zu übertragen – zum Verdruss der Brasilianer.

Im Dezember 1988 wurde der *seringueiro* (Kautschukzapfer) Chico Mendes vor seinem Haus erschossen. Er war Wortführer der landlosen Arbeiter, die von den Großunternehmen wie Sklaven gehalten wurden. Seine Ermordung erschütterte das Land. Zum ersten Mal war die Entwaldung kein ökologisches Problem mehr, sondern ein menschliches. Nicht nur Bäume, auch Menschen starben in Amazonien.

Das Brasilianische Institut für Umwelt und erneuerbare natürliche Ressourcen, IBAMA, teilte 2011 mit, dass 19 Prozent des brasilianischen Amazonien abgeholzt sind. Der Unterschied zu einer früheren Zahl (20 Prozent im Jahr 2005) rührte daher, dass IBAMA nicht den ganzen Regenwald, sondern nur das sogenannte legale Amazonien der brasilianischen Bundesstaaten Acre, Amapá, Amazonas, Pará, und Rondônia berücksichtigte und dazu noch Teilgebiete der Bundesstaaten Mato Grosso, Tocantins und Maranhaõ. Die 19 Prozent entsprechen einer Abholzung von 743 000 Quadratkilometer – also fast der Fläche von Chile – im Zeitraum von etwas mehr als 30 Jahren. Ab 2005 konnte nach beträchtlichen Anstrengungen der Regierung endlich eine prozentuale Verringerung der Abholzung erreicht werden. Chico Mendes hat nicht umsonst gekämpft.

DER UNTERGANG VON NOAHS ARCHEN

Wissenschaftler haben versucht, den Verlust an biologischer Vielfalt für das Jahr 2005 (Abholzung von 26 130 Quadratkilometern) in Zahlen zu erfassen: Gefällt oder verbrannt wurden 1,17 bis 1,43 Milliarden Bäume mit einem Durchmesser von mehr als zehn Zentimetern; 43 bis 50 Millionen Vögel und ein bis zwei Millionen Primaten sind verschwunden. Eigentlich muss man diese Zahlen mit dem Faktor 28 multiplizieren, um zu einer Einschätzung des Gesamtverlustes zu kommen, den die Entwaldung nur im legalen brasilianischen Amazonasgebiet verursacht hat; es ergeben sich dann folgende Zahlen: 32 bis 40 Milliarden Bäume, sowie 1,2 bis 1,4 Milliarden Vögel und 25 bis 56 Millionen Primaten. Und wie viele Milliarden Nagetiere, Schlangen, Schmetterlinge, Ameisen und Käfer? Wie viele Archen sind für immer untergegangen?

Ein Land ohne Menschen ... Die Viehzucht und der damit verbundene Anbau von Soja sind die wesentlichen Ursachen für die Entwaldung von Amazonien (rechte Seite).

DER KAMPF GEGEN DIE ENTWALDUNG

Vom Jahr 2002 an haben wir für das brasilianische Amazonien ein Kontrollsystem eingerichtet, das automatisch zu einer Verringerung der Abholzung führte.« Der Direktor von IBAMA (Brasilianisches Institut für Umwelt und erneuerbare natürliche Ressourcen) in Manaus im Bundesstaat Amazonas, Mário Lúcio da Silva Reis, ist ein entschlossener Mann mit einem ansteckenden Enthusiasmus. Er verfolgt hartnäckig seine Ziele und vertraut dieser Kriegsmaschinerie, die mit dieser Plage aufräumen soll. Die etwas schäbigen Räume aus Fertigbauteilen, in denen dieses »Kriegsministerium« untergebracht ist, wecken Zweifel, ob die Regierung es wirklich ernst meint und alles daran setzt, um die Schlacht zu gewinnen. Doch die Zahlen sprechen für sich: Die Abholzungsrate sinkt, und die Satellitenbilder, die nach Ansicht des Direktors »nicht lügen«, sind ein weiterer Beweis.

Wir machen mit Hilfe des Monitors einen virtuellen Besuch auf dem Schlachtfeld. Man sieht hier den berühmten »Entwaldungsbogen« – den Feind –, der um jeden Preis in Schach gehalten werden muss. Die großen Unternehmen sind von den hohen Getreide- und Fleischpreisen auf den Weltmärkten wie berauscht, aber auch vom Holzpreis, und das in einem Wachstumsland, bei dem auf die Binnennachfrage 70 Prozent des Angebots entfallen. Die Bundesstaaten Mato Grosso, Pará und Rondônia stehen deshalb an vorderster Front. Der Bundesstaat Amazonas dagegen bleibt relativ verschont, weil er schwerer zugänglich ist und wenig ertragreiche Böden hat. Wie lange noch?

Brasilien ist das einzige Land auf der Welt, das von den Waldbesitzern verlangt, dass sie 80 Prozent ihrer Waldfläche unangetastet lassen. Wenn sie gegen diese Auflage verstoßen, müssen sie neu anpflanzen und die natürliche Regeneration fördern. Vor einer legalen Nutzung sind sie verpflichtet, ein Bestandsverzeichnis anzulegen und jeden Baum, den sie fällen wollen, unter genauer Angaben seiner Satellitenkoordinaten anzugeben. Die Nutzung kann nur dann beginnen, wenn die Planung akzeptiert und die Erlaubnis erteilt ist. Der Holztransport erfordert ein Dokument für den Ursprungswald (DOF), sodass der Weg des Holzes von der Baumfällung bis zu seinem Bestimmungsort überprüfbar ist.

Die Regierung ist bemüht, degradierte Flächen wieder nutzbar zu machen und die Qualität des Bodens zu verbessern, um den Ertrag zu steigern. Ihre heimliche Waffe aber sind die Schutzgebiete. Brasilien ist ein Meister in der Kunst, die verschiedensten Schutzkategorien für die Natur zu erfinden: strenges Naturschutzgebiet, Schutzgebiet mit nachhaltiger Nutzung der natürlichen Ressourcen und indigene Gebiete. Theoretisch ist die Hälfte des

Der Kampf gegen die Entwaldung ist noch lange nicht gewonnen. Fällarbeit entlang der Transamazônica zwischen Cuiabá und Santarém im Bundesstaat Pará.

brasilianischen Amazonasgebiets durch eine ganze Reihe von Verboten geschützt.
Wie kann dieser Schutz effektiv durchgesetzt werden? Die zweite Geheimwaffe sind Satelliten, die jede noch so kleine unerlaubte Tätigkeit aufspüren. Tag für Tag verfolgen sie die Abholzung in Echtzeit. Einige Satelliten sind so ausgerüstet, dass sie die Entwaldung schon im Vorfeld anzeigen. »Wir können nun eigenes Personal in die am meisten bedrohten Zonen schicken, noch bevor die Übeltäter ihre Arbeit beginnen«, erläutert Mário Lúcio da Silva.
Der Schwachpunkt in diesem System ist das Personal: Es sind nur 700 bis 800 Beamte vor Ort, 4000 wären nötig. Die Regierung hat jedoch ihre Zugriffsmöglichkeiten verstärkt. Bei Nichtbezahlung der Strafgelder können auch Material und Gerät beschlagnahmt werden.
Die Schlacht wird aber auch auf anderen Feldern geschlagen. »Ist der Schutz der Natur möglich, wenn daneben die Menschen vor Hunger sterben, wenn es keine Schulen gibt, keine ärztliche Versorgung, keine Verkehrswege?« IBAMA ermutigt die Bevölkerung, den Regenwald zu schützen oder wenigstens nicht zu zerstören. Als Gegenleistung gibt es eine kleine, von der Regierung bezahlte Rente. »Es geht auch nicht darum, aus dem Regenwald ein Heiligtum zu machen. Man kann ihn nutzen, aber es muss nachhaltig sein. Eine vernünftige Nutzung des Holzes ist durchaus möglich. Die Agroforstwirtschaft und der Ökotourismus sind zusätzliche Alternativen.«
Als wir uns verabschieden, verrät er uns noch die niedrige Abholzungsrate für 2012: »4650 Quadratkilometer, halb so viel wie im Jahr 2011. Die Null Entwaldung ist für 2017 vorgesehen. Wir werden die Schlacht gewinnen.«

STRENGES NATURSCHUTZGEBIET, SCHUTZGEBIET MIT NACHHALTIGER NUTZUNG, INDIGENE GEBIETE: THEORETISCH IST DIE HÄLFTE DES AMAZONASGEBIETES GESCHÜTZT.

Flößen von Holz auf dem Rio Negro im Bundesstaat Amazonas (links).
Pirogen auf dem Rio Erepecuru im Bundesstaat Pará (folgende Doppelseite).

DIE SOJASTRASSE

Es ist ein packendes Bild: ein riesiger tabakfarbener, beige gestreifter Teppich, soweit das Auge reicht. Das ist eines der vielen Gesichtern Amazoniens. Die Transamazonasstraße BR-163 verbindet den Mato Grosso im Süden mit Santarém am Amazonas und wird »Sojastraße« genannt. Beiderseits der Straße dehnen sich kilometerlang Felder mit dieser Pflanze aus, deren Bohnen zu Millionen Tonnen nach Europa als Tierfutter ausgeführt werden. Hier und da gibt es noch einige Ecken vom Regenwald, die wie verloren wirken inmitten dieses verrückten Industrialisierungsprojekts. In Mato Grosso, aber auch in Rondônia und Pará musste der Regenwald der Monokultur weichen. Die Sojaproduktion ist ein staatlich geplantes Vorhaben als Antwort auf die Nachfrage einer hungrigen Welt, deren Bevölkerungszahl stark ansteigt, und Brasilien ist innerhalb weniger Jahrzehnte zum wichtigsten Nahrungsmittelexporteur aufgestiegen. Die europäischen Getreidebauern wirken angesichts solcher gigantischer Bewirtschaftung wie Amateure. In Brasilien gilt ein Betrieb mit 160 Hektar als klein, und er beschäftigt nur eine einzige Person. Betriebe mit einer Anbaufläche von mehreren tausend Hektar sind im Mato Grosso keine Seltenheit. Blairo Maggi, bis vor Kurzem noch Gouverneur dieses Bundesstaates, besitzt 400 000 Hektar und ist damit der größte Sojaproduzent der Welt. Er kauft darüber hinaus auch die Produktion anderer Erzeuger auf. Seine Kähne transportieren Sojabohnen, aber auch Mais und Baumwolle bis zum Amazonas, wo er einen Tiefwasserhafen bauen ließ. Dort wird die Ladung auf Frachter zum weltweiten Transport umgeladen. Um seine zahlreichen Angestellten unterzubringen, errichtete er eine ganze Stadt, ein ehrgeiziges Unternehmen, das ein wenig an das Projekt Jari des amerikanischen Milliardärs Ludwig erinnert, der in den 1960er-Jahren fast zwei Millionen Hektar kaufte, um Papier herzustellen. Blairo Maggi bekam 2006 die Goldene Kettensäge von Greenpeace überreicht, weil er bei der Entwaldung eine überragende Rolle spielte. Doch nun arbeitet er mit der Regierung, mit Wissenschaftlern und sogar Ökologen zusammen, um die Auswirkungen des Sojaanbaus auf die Umwelt zu verringern.

Der größte Feind des Regenwaldes ist mittlerweile die Viehzucht. In Brasilien gibt es heute rund 80 Millionen Rinder, das Land ist zum Fleischexporteur der Welt geworden. Das bringt zwar jährlich mehrere Milliarden Euro an Devisen ein, aber gerade die Fleischproduk-

So würgt der Sojaanbau im Bundesstaat Pará den Regenwald ab.

tion hat den größten Flächenverbrauch: Für die Erzeugung von einem Kilogramm Rindfleisch sind nach Berechnungen des WWF 323 Quadratmeter nötig, für ein Kilogramm Gemüse dagegen nur sechs. Die Rinderhaltung ist nach der FAO zu zwei Drittel für die Entwaldung in Amazonien verantwortlich. Dennoch sind Fortschritte möglich, wenn die schon abgeholzten Flächen besser genutzt werden und die Anzahl der Tierarten je Hektar erhöht wird.

Um die zunehmende Entwaldung einzudämmen, hat die Regierung beschlossen, westlich der Sojastraße ein sechs Millionen Hektar großes Regenwaldgebiet unter Schutz zu stellen und nur eine begrenzte Nutzung zuzulassen. Diese Fläche gehört nun zum Kreis der Naturparks, Reservate und Naturschutzgebiete, die einen Schutzwall gegen die Ausweitung der Waldrodung darstellen.

Auch die Indios beteiligen sich in ihren Reservaten am Schutz des Regenwaldes. Im Xingu-Becken stellen die Krieger der Kayapó und der Panará entlang der Grenzen ihres Territoriums Wachen auf.

Trotz der immer noch im großen Stil betriebenen illegalen Nutzung scheinen diese Strukturen zu funktionieren. Die Entwaldung in Amazonien verringerte sich seit dem Jahr 2004, das ein schwarzes Jahr war, denn 27 000 Quadratkilometer gingen damals in Rauch auf.

EINE SUPERBOHNE

Die Sojapflanze ist wie die verwandten Bohnengewächse eine krautige Pflanze. Ihre Bohne ist nach dem Palmöl die wichtigste Quelle für Speiseöl. Proteine, Kohlehydrate, Lipide, Vitamine A und B, Phosphor, Kalium, Kalzium, Magnesium, Zink und Eisen machen sie zum reichhaltigsten natürlichen Nahrungsmittel überhaupt. Der durch Pressung von Sojabohnen entstandene Sojaschrot ist eines der wichtigsten Futtermittel für Zuchttiere. Im Jahr 2013 wurde Brasilien mit mehr als 80 Millionen Tonnen Soja (davon sind 80 Prozent gentechnisch verändert) der größte Sojaproduzent der Welt.

BEGEHRTE ROHSTOFFE

Entwaldung und Waldbrände sind nicht die einzigen Gefahren für den Regenwald. Bergbau, Erdölvorkommen, Wasserkraftwerke lösen überall in Amazonien große Besorgnis aus. Die neun Staaten, die sich den Regenwald teilen, verzeichnen ein hohes Wachstum, insbesondere Brasilien, und deshalb brauchen sie die natürlichen Rohstoffe des Regenwaldes. Unter dem Urwald von Ecuador, an der Grenze zu Peru, liegen in einem Gebiet, das mit vier Millionen Hektar so groß ist wie Holland, Hunderte Millionen Barrel Öl, die der Meistbietende kaufen kann. Das Gebiet grenzt aber an den Yasuni-Nationalpark, der mit seiner Vielfalt an Flora und Fauna alle Rekorde bricht. Es gibt 2274 Baumarten, 696 Vogelarten, 382 Fischarten, 169 Säugetierarten und 121 Reptilienarten. Der Präsident von Ecuador, Rafael Correa (seit 2007), der die Anerkennung der Rechte indi-

gener Völker in die Verfassung aufgenommen hat, würde auf die eigene Nutzung der Ölfelder verzichten, wenn die internationale Gemeinschaft bereit wäre, als Ausgleich 3,6 Milliarden Dollar zu bezahlen, etwa die Hälfte des zu erwartenden Gewinns. Bis jetzt kamen nur 200 Millionen Dollar zusammen. Einige Straßen wurden schon gebaut, und die Planierraupen und Bohrmaschinen nähern sich den Grenzen des Nationalparks. Auf das Gebiet der Quichua und Huaorani ist man schon vorgedrungen, die Bewohner drohen damit, zu den Waffen zu greifen. Der amerikanische Ölkonzern Chevron musste 2012 nach einem Revisionsverfahren 9,5 Milliarden Dollar Strafe an eine Organisation zahlen, deren Mitglieder – 30 000 indigene Personen und Bauern – Opfer der Boden- und Wasserverschmutzung wurden, die Chevron in den Jahren 1964 bis 1992 auf einem zur Nutzung überlassenen Gebiet im Nordosten von Ecuador angerichtet hatte.

»SCHÖNES MONSTER«

Die Indios am anderen äußersten Ende von Amazonien haben ebenfalls zu den Waffen gegriffen. Anlass war der Bau des riesigen Staudamms Belo Monte (»Schöner Berg«), den seine Kritiker Belo Monstre (»Schönes Monster«) nennen. Die Auseinandersetzungen halten schon sehr lange an. Popstar Sting unterstützte Ende der Achtzigerjahre mit seinem Besuch die Indios am Xingu-Fluss. Das Vorhaben wurde für 15 Jahre gestoppt, aber 2005 wieder aufgenommen. Der Fluss macht nach Pimentel eine große Schleife, la Volta Grande, inmitten einer sehr üppigen Vegetation, in der 25 000 Indios leben. Die Planungen sahen vor, die Schleife mit zwei Umleitungskanälen von 75 Kilometer Länge abzukürzen, um die 18 Turbinen des Hauptkraftwerks anzutreiben. Ungefähr 20 000 Arbeiter sind schon vor Ort. Doch die Indios haben nicht aufgegeben. Sie besetzten den Staudamm mit Unterstützung des Häuptlings Raoni. Belo Monte ist Dreh- und Angelpunkt eines Großprogramms, das in Amazonien Dutzende von Staudämmen errichten will.

DAS GROSSE LOCH

Zuerst steigt ein leuchtender Rauch über dem Dschungel auf. Der Anblick, der sich dann bietet, übersteigt jede Fantasie. Ein ständiges Kommen und Gehen von *garimpeiros*, erdfarbenen Goldgräbern, wie ein unendliches Gewusel von Ameisen, die ihr Nest ausbessern. Das ist die Region Serra Pelada südlich der Amazonasmündung im Bundesstaat Pará, in den 1980er-Jahren die größte Goldmine der Welt. Dort, wo früher die Mine war, ist heute ein See, die wirtschaftlichen Aktivitäten haben sich nach Westen verlagert.
Die Serra dos Carajás in der Nähe von Parauapebas in Pará ist die größte Eisenerzlagerstätte der Welt. 2009 stieg die Produktion auf 90 Millionen Tonnen. Aus Protest gegen die dadurch verursachten Umweltschäden nahmen 2006 die Kayapó 600 Angestellte als Geiseln. In diesem Gebiet gibt es auch große Kupfer-, Mangan- und Nickelvorkommen. Mit Hilfe der Wasserkraftenergie könnten sie leichter abgebaut werden. Nach neuesten Informationen soll die Goldmine wieder in Betrieb genommen werden, allerdings ohne *garimpeiros* …

Die Eisenmine von Parauapebas in der Serra de Carajás im Bundesstaat Pará hat sich tief in den Boden gefressen.

WALDBRÄNDE

Seit unvordenklichen Zeiten brennt der Regenwald jedes Jahr. Früher legten die Eingeborenen diese Brände *(queimadas)*, um kleine Areale zu roden, die sie nur für eine einzige Ernte bepflanzten, um dann den Wald sich regenerieren zu lassen. Heute sind die *queimadas* eine kriminelle und verantwortungslose Waffe für die massive Zerstörung des Regenwaldes und werden auch zur Gewinnung von Holzkohle eingesetzt. Der Fotograf Araquém Alcântara berichtet:

»Ich befinde mich in Parauapebas im Bundesstaat Pará. Vor mir sehe ich die Serra dos Carajás in Flammen. Das Autoradio berichtet, dass der Satellit NOAA-AVHRR allein heute in diesem Bundesstaat mehr als 1200 Waldbrände entdeckt hat. Ich gehe mit Unterstützung der Feuerwehrleute vom IBAMA, dem brasilianischen Bundesumweltamt, näher an das Feuer heran. Die helle Glut der Feuerherde spiegelt sich im Rauch und färbt den Horizont blutrot. Der Rauch verdunkelt die Sonne. Meine Augen brennen, die Hitze ist nicht mehr auszuhalten, und ich kann kaum mehr atmen.

Ich fahre jetzt schon stundenlang auf der Straße PA-150 in der Nähe der Stadt Tailândia. Der endlos weite Regenwald ist nicht mehr da, Waldarbeiter und die Hersteller von Holzkohle haben ihn zerstört. Flammen und Kettensägen haben schon 20 Prozent von Amazonien zerstört, das entspricht der Größe der drei Bundesstaaten Espírito Santo, Minas Gerais und Rio de Janeiro. Mehr als zwei Milliarden Bäume wurden schon abgeholzt.

Einige meinen, dass das nicht schlimm sei, weil Amazonien im Grunde unbewohnt ist. Andere meinen, dieser Wald, größer als Europa, sei »unerschöpflich«. Das amazonische Ökosystem erstreckt sich über neun Staaten und nimmt eine Fläche von 6,6 Millionen Quadratkilometer ein, wovon 4,2 Millionen auf Brasilien entfallen. Es ist immer noch eine weitgehend unerforschte Schatzkammer, die wir auf nachhaltige Weise nutzen könnten zum Besten seiner Bewohner.«

Durch vom Menschen gelegte Waldbrände werden Jahr für Jahr große Regenwaldflächen vernichtet (linke Seite). Morgendämmerung über einem verkohlten Regenwald im Bundesstaat Pará (folgende Doppelseiten).

EIN HOFFNUNGSSCHIMMER: DIE WIEDERAUFFORSTUNG AMAZONIENS

Spielende Kinder im Schatten von Riesenbäumen (rechts).
Der Hügel der sechs Seen *(Morros dos seis lagos)* im Bundesstaat Amazonas (folgende Doppelseite).

Was für eine verrückte Hoffnung: Noch einmal das Steuer herumreißen, Fehler ausbügeln, neu anfangen, all den armen Teufeln, die sich vergebens beim Bepflanzen entwaldeter Böden abgerackert haben, den Lebensunterhalt von ihrem Land ermöglichen, ohne es wieder roden zu müssen!

Diese Hoffnung besteht seit über 20 Jahren bei den Forschern des Nationalen Amazonasforschungsinstituts (INPA) in Manaus und ganz besonders bei Professor Johannes van Leeuwen, dem Koordinator der land- und forstwirtschaftlichen Forschung: »Die Agroforstwirtschaft ist eine seit Jahrhunderten existierende kombinierte Anbauweise von Bäumen und Feldern. Manchmal kommt Viehzucht dazu. Sie schützt vor Sonne und Hitze und der Erosion ökologisch empfindlicher Böden durch einen ständigen Pflanzenbewuchs und durch die Entwicklung eines dichten Wurzelgeflechts, das ein Wegschwemmen des Humus bei Regen oder Überschwemmungen verhindert.«

Die erste Aufgabe der Wissenschaftler war die Auswahl von tauglichen Baum- und Pflanzenarten. Berücksichtigt wurden 76 Baumarten und 14 verschiedene Anbauweisen, darunter Gemüsegärten, verbesserte Anbau-Brache-Zyklen, Anbau mehrjähriger Pflanzen im Schatten, schattige Weideplätze und Anbau in »Waldschneisen«. Ein System kombiniert zum Beispiel eine obere Abschirmung durch Kautschukbäume *(Hevea brasiliensis)* mit einer niederen Abschirmung durch Kakaobäume *(Theobroma cacao)*, die besonders an die höher gelegenen Gebiete der Várzea, der periodisch überfluteten Ebene, angepasst sind. In der Nähe von Manaus ist das meistverbreitete System der kombinierte Anbau von Papaya *(Carica papaya)*, Passionsfrucht *(Passiflora edulis)* und Okra *(Abelmoschus esculentus)*. Bienenstöcke und Fischteiche können integriert werden.

Solche Versuchsplantagen wurden in landwirtschaftlichen Pilotbetrieben eingerichtet, und diese Aktion dauerte so lange wie das Wachstum der Bäume. Dann kam die Phase der Anwendung vor Ort, die auf viele Hindernisse traf. »Wir mussten das Vertrauen der Landwirte gewinnen, die üblicherweise ihre von drei- oder vierjährigem Anbau ausgelaugten Felder aufgaben. Wir mussten sie vor allem dazu bringen, langsam wachsende Bäume zu pflanzen und den Humus des Bodens zu versorgen.« Dann mussten sie sich bei der Auswahl der Pflanzenarten nach einem ziemlich strengen Pflichtenheft richten, Jahr um Jahr das Wachstum der Bäume weiterverfolgen und schließlich nach und nach, sobald das möglich war, mit dem Anbau beginnen. Aber der Landwirt bleibt Herr seines Betriebs, die Forscher sind nur Berater. Die finanziellen Mittel sind das größte Hindernis, denn der Betreiber muss mehrere Jahre mit einem geringen Einkommen auskommen, bis er unabhängig wirtschaften kann.

Außer auf die Selbstversorgung mit Nahrungsmitteln richtet sich die Hoffnung auch auf eine andere positive Folgeerscheinung, die ein solches Projekt haben könnte, denn durch die heranwachsenden Wälder werden gewaltige Mengen an Kohlenstoff gebunden. Eine Tonne Trockenholz speichert ungefähr 500 Kilogramm.

EILANPFLANZUNG

Die Wissenschaftler wollten die durch jahrelange Erosion unfruchtbar gewordenen Flächen wieder fruchtbar machen und dabei den Menschen auch zu Einnahmen verhelfen. Sie wählten daher Bäume und Büsche mit raschem Wachstum aus wie Palmenbäume und Bambus (einige wachsen fast einen Meter in 24 Stunden) oder sehr produktive Pflanzen wie die Roselle, die 23 Tonnen Holz pro Hektar liefert und sich ausgezeichnet für Papierbrei eignet. Akazien, Lianen, Eukalypten und rotes Ipé-Holz liefern unter anderem Bauholz oder Holz für die Heizung.

EWIGES AMAZONIEN

Amazonien hat im Laufe seiner sehr langen Geschichte viele Katastrophen überlebt. Es gedeiht und blüht seit Millionen von Jahren und hat nach und nach das reichhaltigste Ökosystem hervorgebracht, das wir kennen. Amazonien ist stark, widerstandsfähig, ewig! Dieses Gebiet wurde von allen Seiten angegriffen, verwüstet, verbrannt und entstellt, aber es ist immer noch da und wird uns überleben. Wir Menschen können einen Urwald nicht neu nachwachsen lassen, die Natur aber kann es. Der Regenwald wird sich viel Zeit lassen – eine Kostbarkeit, die dem habsüchtigen und gehetzten Menschen fehlt –, um irgendwo wieder neu zu entstehen, aber wir werden ihn nicht mehr sehen. Der Amazonas-Regenwald stört unsere Pläne und setzt durch, was er will. Er bestimmt teilweise sogar das globale Klima, das durch seine bloße Gegenwart erträglicher wird. Er spendet Regen und stellt Nahrungsmittel und Medikamente bereit. Er speichert Milliarden Tonnen des Kohlendioxids, das wir im Übermaß erzeugen.

Diese universelle Mutter stirbt und ist doch unersetzlich. Unsere Reparaturarbeiten bleiben Flickschusterei und können nicht darüber hinwegtäuschen, dass ein Urwald so wenig wie ein Korallenriff in ein oder zwei Generationen entstehen kann. Aus Eigeninteresse sollten wir daher den Moment, da wir verwaist sind, so lange wie möglich hinausschieben.

In Brasilien und einem großen Teil von Amazonien ist die Entwaldung zurückgegangen trotz Straßenbau, Verstädterung und Sojaanbau, trotz der Bergwerke und Staudämme, trotz all dieser Begleiterscheinungen unseres Fortschritts. Überall kommt es zu neuen Vorschlägen für die nachhaltige Nutzung des Regenwaldes. Aber das ist erst der Anfang. Die indigenen Völker wurden wie verfolgte Tiere ins tiefste Innere des Regenwaldes zurückgedrängt. Aber jetzt finden sie allmählich Gehör. Kayapó, Yanomami, Awa und viele andere Stämme besitzen einen so reichen und kostbaren Schatz an Wissen und Erfahrung, dass sie den Übergang zu einer nachhaltigen Bewirtschaftung ohne Weiteres meistern werden.

In Südamerika haben die Eliten der indigenen Völker ihren Universitätsabschluss gemacht und sind fest entschlossen, ihren Platz in der Gesellschaft zu finden. Hier liegen die Wurzeln unserer Zukunft.

Wasserfall am Rio Urubu
im Bundesstaat Amazonas.

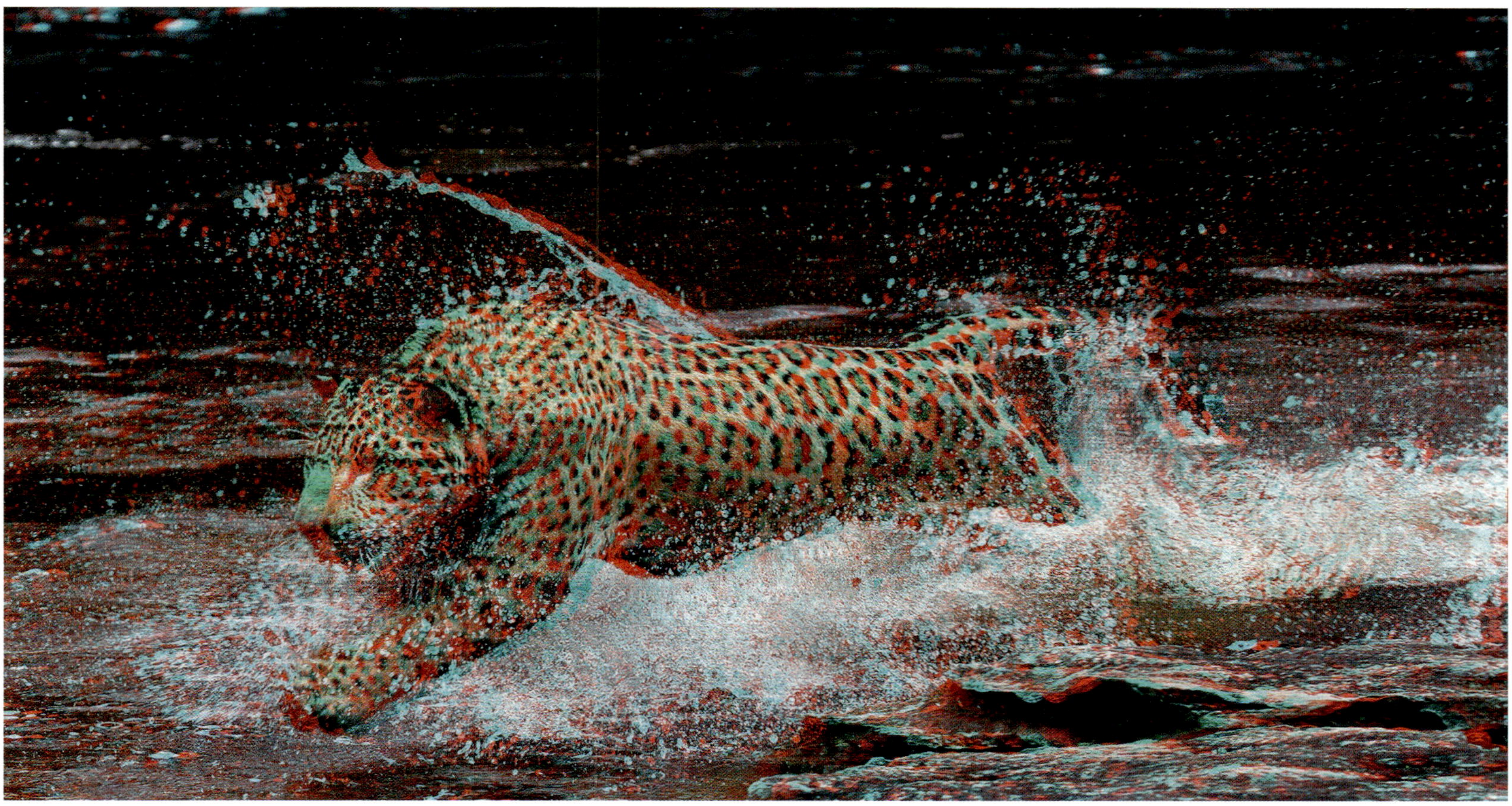

DAS

MAKING

OF

AMAZONIA,
DIE GESCHICHTE DES FILMS

Mitten im amazonischen Regenwald einen Spielfilm in 3D-Technik zu drehen – so ein wahnwitziges Vorhaben hatte es noch nie gegeben. Für alle Teilnehmer war es ein unglaubliches Erlebnis.

Nach zweijähriger Arbeit am Schreibtisch, nach unzähligen Besprechungen, Tausenden von E-Mails und vielen Gesprächen mit unseren südamerikanischen Partnern wurden nach langwierigen finanziellen Verhandlungen die Verträge endlich unterzeichnet, und so wurde eines Tages im Jahr 2011 die ganze Maschinerie in Gang gesetzt. Flugzeuge flogen von Europa nach Brasilien; Lastwagen quälten sich auf schlammigen Straßen, Schiffe fuhren die hellbraunen Gewässer des Amazonas hinauf, und Hubschrauber überflogen die unermessliche Weite des immergrünen Regenwaldes.

Dutzende von Lastenträgern machten sich in den Dschungel auf. Sie transportierten teures elektronisches Material, einen Kran und Stromgeneratoren, aber auch Kochtöpfe, Medikamente und Insektenschutzmittel gegen Moskitos, alles was es brauchte, um in einer feindlichen Umwelt zu überleben. Mitten im Regenwald schlugen wir ein Basislager für die Zeit der Dreharbeiten auf. Ein Tierpark wurde eingerichtet und ein riesiges Gehege für die Affen.

Kurz danach trafen die ersten Nachrichten von den Dreharbeiten des Regisseurs Thierry Ragobert ein. Sie klangen beunruhigend: »Wir sind 80 Techniker und stehen um einen Baum herum, um zwei Tukane zu filmen. Das geht alles viel zu langsam voran. In diesem Tempo wird das nichts werden.«

In einem Rückblick haben wir später diese erste Expedition mit ihren 50 Tonnen Material als zu schwer und zu teuer kritisiert. Und doch entstanden in diesem verrückten abenteuerlichen ersten Jahr noch nie da gewesene Aufnahmen.

Die fiktionalen Szenen des Drehbuchs wären ohne dieses Material und die engagierten und hoch motivierten Menschen nie zustande gekommen.

»Wir stehen mit achtzig Mann um einen Baum herum, um zwei Tukane zu filmen. So wird das nichts werden.«

Im zweiten Jahr gingen wir jedoch besonnener und überlegter vor. Die monumentale Darstellung erhielt zusätzlich eine intimere Dimension. Im dritten Jahr schließlich rundeten ganz spezielle Aufnahmen – leuchtende Insekten im Waldstreu, die unheimliche Atmosphäre im Unterholz und die unwirkliche in der Höhe des nebelverhangenen Waldes – die Bildgestaltung ab.

Endlich wurde der Film im Schneideraum fertiggestellt, wie immer mit Thierry Ragobert, einem begnadeten Cutter, und mit der ebenso begnadeten Chefcutterin Nadine Verdier. Um hier originell sein zu können, musste man sich schon sehr früh um ein Verständnis des gesamten Projekts bemüht haben, dieses abenteuerlichen Experiments an der Grenze zwischen Fiktionalem und Dokumentarischem, denn ansonsten wäre es nicht möglich gewesen, zu beurteilen, welche Aufnahmen geeignet waren und welche nicht und wo Lücken bestanden. Aber so gewann der Film nach und nach seine Gestalt.

Die Geschichte des Films beginnt mit einer scherzhaften Bemerkung von Jean Labadie, Generaldirektor des Filmverleihs Le Pacte, nach dem Start des Films *Der weiße Planet*: »Nach dem weißen Planeten nun also den grünen Planeten?« Für Stéphane Millière, Generaldirektor der Filmproduktionsgesellschaft Gedeon Programmes, war dieses Projekt ein Kindheitstraum. Sie trug schon seit einiger Zeit diesen Gedanken mit sich herum. Ein junges Tier geht verloren und verirrt sich in dem ihm völlig unbekannten amazonischen Regenwald. Das Drehbuch wurde dann mit Fabiano Gullane, dem brasilianischen Coproduzenten, überarbeitet. Der Kapuzineraffe stand als Hauptfigur fest. Die Entscheidung für den fiktionalen Charakter der Handlung und für die 3D-Technik hat die Messlatte für diesen Film sehr hoch gelegt, denn er erzählt eine universell gültige Geschichte von einem Fremden, der sich in einer unbekannten Welt zurechtfinden und sich von seinen Artgenossen adoptieren lassen muss, um zu überleben.

FRAGEN AN THIERRY RAGOBERT
REGISSEUR

WIE HABEN SIE AMAZONIEN FÜR SICH ENTDECKT?

Als Zwanzigjähriger bin ich nach dem Abitur mit dem Rucksack nach Amazonien aufgebrochen und habe sechs Wochen bei den Asháninka in Peru gelebt. Dieses Erlebnis hat mich sehr geprägt. Ein Jahr später geriet ich in den Umkreis von Jacques Cousteau, der dort auf einer Expedition war. Ich selbst war nicht dabei, sondern im Schneideraum. Dort konnte ich mir alle Aufnahmen ansehen, die von dieser Expedition hierher gesandt wurden. Es war bei weitem das anspruchsvollste Unternehmen Cousteaus. Zwei Jahre lang vertiefte ich mich in dieses Material von mehreren hundert Stunden, aus dem sieben Stunden Film entstanden. Ich träumte seither immer davon, Amazonien wiederzusehen.

WIE WURDEN SIE MIT DER HERAUSFORDERUNG, IM 3D-FORMAT ZU DREHEN, FERTIG?

Paradoxerweise braucht man im Regenwald das Sehvermögen weniger als Gehör und Geruchssinn. Die Herausforderung lag also darin, zu zeigen, was schwer zu sehen ist, den undurchdringlichen Urwald in seiner Größe und Weite, aber auch die Tiere, die ja unsichtbar sind. Die Tiefenschärfe der 3D-Technik bietet eine einzigartige Möglichkeit, diesen schwer zu erfassenden Kosmos zu zeigen. Wir haben Pionierarbeit geleistet. Die Technik wurde in den zwei Jahren ständig verbessert. Die schweren Kameras aus dem ersten Jahr tauschten wir gegen viel leichteres Material, sodass wir uns tiefer in den Regenwald hineinwagen konnten.

WIE WURDE VOR ORT AUS DEM DREHBUCH EIN FILM?

Die Autoren mit ihren Ideen und Vorstellungen sahen sich jetzt mit der Realität konfrontiert: Es waren Dreharbeiten in einer natürlichen Umgebung mit wilden Tieren oder solchen, die ein wenig an die Anwesenheit von Menschen gewöhnt waren. Ursprünglich waren die Abenteuer des Kapuzineräffchens in dem Projekt nur ein Vorwand, um Amazonien zu besuchen, das war im Grunde ein dokumentarischer Ansatz mit ein wenig Fiktion darin. Nach und nach trat das Gegenteil ein. Schon nach den ersten Drehtagen wurde mir klar, dass wir der Fiktion den Vorrang geben mussten, und das bedeutete, sich um alle nötigen Details zu kümmern, damit daraus eine fesselnde Geschichte in einer spektakulären Umgebung wird.

WIE HABEN SIE AUF DIESE UNGEWÖHNLICHEN DREHARBEITEN MIT TIEREN REAGIERT?

Tiere sind Teil meines Lebens. Ihnen bei solchen Dreharbeiten näher zu kommen, berührte mich in ästhetischer Hinsicht. Eine solche Vielfalt an Gestalten und Farben ist atemberaubend. Aber neben dieser so fremden Welt gibt es noch das Volk der Affen, das uns auf unsere eigene Tiernatur verweist oder auf ihre Humanität. Das ist bewegend und verstörend zugleich. Tiere sind echt und betrügen nie. Für mich verkörpern sie grundlegende Werte, an die wir uns immer wieder und gerade heute erinnern müssen. Die Beobachtung von Tieren ist ein Lernprozess, ich lerne dabei mich selber besser kennen und die andern besser verstehen.

WIE VERLIEF DAS SCHNEIDEN DES FILMS?

Es war wichtig, die Analyse der Aufnahmen (mit einer letztendlichen Gesamtlänge von 250 Stunden!) gleichzeitig mit den Dreharbeiten zu beginnen. Deshalb kam die Chefcutterin Nadine Verdier zu den Dreharbeiten hinzu. Der Vergleich mit einem Roadmovie liegt nahe, bei dem das Drehbuch sich je nach den Begegnungen und Stimmungen der Schauspieler und Autoren verändert. Wir brauchten anschließend viele Wochen, um aus den Aufnahmen einen Film herzustellen. Nadine hat eine bemerkenswert feinfühlige, differenzierte und präzise Arbeit geleistet.

WELCHES FAZIT ZIEHEN SIE AUS DIESER ARBEIT?

Der Anblick dieser Natur macht demütig. Ich glaube, dass ich auch zeigen konnte, was wir zu verlieren haben. Der Regenwald ist immer noch von Zerstörung bedroht. Jacques Cousteau bemerkte einmal: »Nur was wir lieben, schützen wir.« Ich habe hoffentlich dazu beigetragen, diese Liebe zu wecken. Wie Romain Gary [französischer Schriftsteller und Diplomat, 1914–1980] möchte auch ich mich für das Überleben unserer Art einsetzen.

STÉPHANE MILLIÈRE

PRODUZENT

Das ist der anspruchsvollste Film, den ich je geplant und produziert habe. Wir haben davor über die Ausgrabungen am Leuchtturm von Alexandria einen Film gemacht, weitere Filme betrafen die Ausgrabungen in der antiken Stadt Zeugma, bevor sie im Stausee verschwand, die Mumie der Schamanin Kys in Jakutien, den ersten Flug mit Solarenergie von Bertrand Picard, die Erforschung eines Urwaldes in Madagaskar in 3D-Technik, die Polarexpeditionen von Jean-Louis Etienne und die Entdeckung des Fossils von Toumaï in der Wüste des Tschad. Wir haben Völker in den entlegensten Gebieten der Erde gefilmt, die Bishnoi im indischen Bundesstaat Rajasthan, die Pala'wan auf den Philippinen, die Shuar in Ecuador, die Asháninka in Peru, die Kogi in Kolumbien und die Inuit in Kanada. Und doch waren die Dreharbeiten für *Amazonia* die schwierigsten, die wir je hatten.

Ich bin noch nie zuvor im amazonischen Regenwald gewesen. Ich wollte ihn schon immer entdecken, aber dieser Wunsch war mit dem Bestreben verbunden, der Öffentlichkeit die Artenvielfalt dieser Lunge der Erde nahe zu bringen. Nach dem Tierfilm *Der weiße Planet* und der arktischen Kälte nun also der grüne Planet mit seiner feuchten Hitze.

Mir war bewusst, dass diese Entdeckung zwingend ein sehr anspruchsvolles Projekt brauchte, das der Bedeutung des Gegenstandes gewachsen war. Nur ein Spielfilm konnte die Komplexität des

»DIESER FILM WAR DER SCHWIERIGSTE, DEN WIR JE GEDREHT HABEN. *AMAZONIA* GEHT WEIT ÜBER DIE ERZÄHLTE GESCHICHTE HINAUS.«

Regenwaldes widerspiegeln, nur ein Tier konnte uns in dessen verborgenste Winkel führen. So entstand das Drehbuch zu *Amazonia* mit einem Kapuzineräffchen als Hauptfigur. Alle haben mir davon abgeraten, in diesem undurchdringlichen und feindlichen Kosmos in 3D-Technik zu drehen. Dennoch ist *Amazonia* ein Film mit einem ruhigen, fast gemächlichen Erzählfluss. Es gibt keine ausgefallenen Effekte. Durch die 3D-Technik soll der Regenwald zu einem emotionalen Erlebnis werden, in dem der Zuschauer über Bild und Ton eintaucht in eine unbekannte Welt.

Als ich am Ort der Dreharbeiten eintraf, habe ich mich als Erstes allein auf den Weg in den Regenwald gemacht und bin stundenlang gelaufen. Mein Traum ging endlich in Erfüllung.

Die Geschichte der Hauptfigur – ein bei den Menschen aufgewachsener Kapuzineraffe sieht sich völlig unerwartet den Gefahren des tropischen Regenwaldes ausgesetzt – kommt seiner wirklichen Lebensgeschichte sehr nahe. Er ist Waise, der seinen heimatlichen Urwald verlassen musste, weil seine Eltern wahrscheinlich von Wilderern getötet wurden. Der Film erzählt die Geschichte einer idealen Beute für Raubtiere, und dadurch entdecken wir den amazonischen Regenwald in seiner ganzen Pflanzen- und Tiervielfalt. Der kleine Affe hat Zeit, Glück und Instinkt bitter nötig, um zu überleben und von seinen Artengenossen akzeptiert zu werden. Der Kapuzineraffe spielte keine für ihn geschriebene Rolle, sondern reagierte spontan und natürlich auf die Ereignisse in seiner Umgebung, und Thierry Ragobert, der Regisseur, musste sich seinem »Schauspieler« anpassen und ständig sein Drehbuch umschreiben.

Aber *Amazonia* ist nicht bloß ein Film, der uns in eine fremde und merkwürdige Welt führt, nicht nur ein Eintauchen in eine völlig unbekannte Natur, er ist auch im wahrsten Sinne des Wortes eine außergewöhnliche Geschichte, die uns Menschen auch auf uns selbst verweist. Der Film ist eine Metapher dafür, wie zerbrechlich unser Verhältnis zur Natur ist und wie bedeutsam unsere sozialen Bindungen sind.

FABIANO GULLANE UND CAIO GULLANE

DIE BRASILIANISCHEN PRODUZENTEN

Zu Beginn der Neunzigerjahre habe ich mit meinem Bruder die erste große Reise nach Amazonien gemacht. Seither träumte ich von einem großen Projekt über diese Region. Als mir Stéphane Millière bei den Filmfestspielen in Cannes *Amazonia* anbot, sagte ich sofort zu. Ich schlug vor, den Fotografen Araquém Alcântara als Berater hinzuzuziehen, da er über eine einzigartige Erfahrung mit Amazonien verfügt, das er seit rund 40 Jahren kreuz und quer bereist.

Wir sahen uns vor viele Schwierigkeiten gestellt. Wir mussten zunächst einmal zwischen Franzosen und Brasilianern eine einheitliche Arbeitsweise finden und für eine sprachliche Verständigung sorgen. Wir haben dazu einen seltsamen Slang aus Französisch, Portugiesisch und Englisch geschaffen. Dazu kam die Organisation der Drehtage mitten im Regenwald mit 40 Tonnen Material und der Auflage, keine Spuren zu hinterlassen. Im Unterschied zu den meisten in Amazonien gedrehten Filmen haben wir beschlossen, ausnahmslos alle Aufnahmen und nicht nur die Aufnahmen in der Totalen im Regenwald zu machen. Erschwerend kamen natürlich noch die Dreharbeiten mit wilden Tieren hinzu. Man stelle sich dann noch Dreharbeiten in der Regenzeit in 3D-Technik vor mit mehreren heftigen Regenschauern am Tag, einer Luftfeuchtigkeit um die 100 Prozent und ständigen Probleme mit der Stromversorgung ...

Stellen Sie sich Dreharbeiten mit 200 Personen und einem praktisch Tag und Nacht geöffneten Restaurant vor. War der Beginn der Dreharbeiten auf acht Uhr festgelegt, dann begannen die einzelnen Teams schon um drei Uhr mit den Vorbereitungen. Sie deckten sich mit Nahrungsmitteln bei den Kleinhändlern ein, die am Flussufer Fisch, Früchte und Gemüse verkauften. Die Lebensbedingungen sind dermaßen hart im Regenwald, dass man darauf achten musste, dass die Teams bei guter Stimmung blieben. Alle kehrten abends erschöpft zurück, und man brauchte noch viel Energie, um über die Probleme des Tages und die Dreharbeiten des nächsten Tages zu sprechen.

Die Dreharbeiten mit dem Jaguar waren unglaublich. Er war ein ziemlich großes Tier. Jeder hatte die Anweisung, sich während der Aufnahmen in einen großen Käfig zu begeben. Araquém weigerte sich hartnäckig, in den Käfig zu gehen: »Ich habe nie hinter einem Gitter gearbeitet!‹ Er wollte auch, dass sein Assistent den Käfig verließ, ›damit der Jaguar eher ihn frisst als mich‹, fügte er lachend hinzu.«

»STELLEN SIE SICH DREHARBEITEN IM DSCHUNGEL MIT 200 PERSONEN UND EINEM TAG UND NACHT GEÖFFNETEN RESTAURANT VOR.«

LAURENT BAUJARD

PRODUKTIONSLEITER

Wir hatten schon einige Erfahrung mit dem Drehen von Tierfilmen, aber die Teams waren kleiner und die Drehzeit sehr lang. Diese fiktive Tiergeschichte verlangte eine geradlinige Entwicklung unserer Hauptperson nach einem feststehenden Drehbuch. Wir haben uns zuerst an einen Tierpflegemeister gewandt. Er wusste, welche Tiere in Frage kamen und konnte ihren Charakter gut analysieren und ihnen ein natürliches Verhalten beibringen, auch wenn eine Kamera dabei war. Die lange Drehzeit verlangte jedoch während vieler Monate eine Versorgung der Tiere unter den bestmöglichen Verhältnissen. Das betraf den Sanitärbereich und die Einhaltung der Sicherheitsvorschriften. Es handelte sich hier nicht mehr um leichte Dreharbeiten, sondern um eine schwerfällige und ziemlich einengende Organisation mit vielen kompetenten Personen.

Die 3D-Technik belastete die Ausrüstung zusätzlich mit großen Kameras auf motorisierten Schwenkköpfen. Das erforderte eine Maschinerie mit vielen Helfern. Das digitale 3-D-Format zwang dazu, mitten im Regenwald ein Datenverarbeitungssystem einzurichten. Da bewohnte Gebiete meist Dutzende von Kilometern entfernt waren, gab es Probleme mit der Energieversorgung und der Datensicherung. Außerdem änderten sich Wetter und Licht so schnell, dass jeden Augenblick die Dreharbeiten

»DER REGENWALD, DAS WETTER UND DIE TIERE HABEN SICH VERBÜNDET, UM UNSEREN ABLAUFPLAN ZU SPRENGEN.«

unterbrochen werden mussten. Schnelle Reaktion und Beweglichkeit waren gefragt, also das genaue Gegenteil der Fiktion. Das alles verlangte ein 180 bis 200 Personen großes Team, von denen die eine Hälfte bei den Dreharbeiten arbeitete und die andere Hälfte sich um die Logistik kümmerte. Die Verarbeitung der Bilddaten auf den Festplatten war eine weitere Plackerei. Wir brauchten eine starke und konstante Energiequelle für die Geräte. In Amazonien ist aber das Benzin gepanscht, und so haben wir mehrere Generatoren ruiniert.

Der Umgang mit den Tieren war bei Weitem die heikelste Angelegenheit, denn alles hing von ihrer Gutwilligkeit ab. Hier waren Pascal Tréguy, unser Tierpflegemeister, und sein Team gefragt. Nur sie allein konnten die Begegnung der Hauptfigur mit der Freundin oder seine Rauferei mit einem anderen Affen in Szene setzen.

Die schwere, unbewegliche Ausrüstung erlaubte keine Anpassungen an die Lichtverhältnisse, keine Veränderungen der Brennweiten oder schnelle Kameraeinstellungen, was für einen Tierfilmer ziemlich hinderlich ist. Wir kamen also mit technischem Material zur Herstellung eines Films hier an, und die Tiere, der amazonische Regenwald und die 3D-Technik haben sich verbündet, um unser Ablaufprogramm zu sprengen. Im Endeffekt mussten wir mit dem Filmen jeden Tag neu anfangen, weil wir vom guten Willen der Tiere abhängig waren!«

GUSTAVO HADBA
KAMERAMANN

Amazonien ist für Dreharbeiten eine unglaublich schwierige Gegend. Man sieht nichts, denn das Sonnenlicht dringt nicht durch den Regenwald, und wenn es das schafft, blendet es. Auf den Bildern gibt es entweder viel zu starke Kontraste oder dieses üble grüne Licht, sodass alles schrecklich aussieht. Da man aber nicht gegen das Licht kämpfen kann, muss man es für die eigenen Zwecke einzuspannen versuchen.

Und ich habe noch nicht von den Moskitos gesprochen, für die das Blut der Filmemacher ein Leckerbissen ist, auch nicht von der Hitze, dem Regen, der Feuchtigkeit oder dem Schweiß, der in den Augen brennt. Bei dem kleinsten technischen Problem muss man tagelang auf das Ersatzteil warten.

Die Tiere sind laut, aber nie zu sehen. Wenn glücklicherweise einmal ein Tier vor der Kamera steht, ist seine Reaktion völlig unberechenbar. Nichts hat man hier unter Kontrolle. Damit die Frustration nicht überhand nimmt, bleibt als einziges Gegenmittel nur noch die Geduld übrig und das Vertrauen in die Tierpfleger, ohne die nichts zu machen ist. Gelassenheit ist wichtig, denn die Tiere spüren sofort, ob ein Filmteam gestresst ist.

Manchmal geschieht ein Wunder. Eine Szene spielt sich genau nach Plan ab, oder etwas Unerwartetes geschieht: eine Geste, ein Blick, ein Sonnenstrahl. Die Schönheit tritt auf den Plan, ein zauberhafter Augenblick. Ein sublimer Moment. Das ganze Aufnahmeteam jubelt vor Freude.«

»MANCHMAL GESCHIEHT ETWAS UNERWARTETES – EIN BLICK, EIN SONNENSTRAHL. EIN SUBLIMER AUGENBLICK. DAS GANZE AUFNAHMETEAM JUBELT VOR FREUDE.«

JEANNE GUILLOT
CHEFSTEREOGRAFIN

Die Umgebung kann so schön sein wie sie will, die Augen von Jeanne Guillot bleiben fest auf den Vorschaumonitor gerichtet. Sie ist nämlich für die Qualität der Aufnahmen in 3D-Technik verantwortlich und korrigiert unaufhörlich die Stellungen der beiden Kameras zueinander.

»Manche Leute meinen, die 3D-Technik sei nichts als ein Reklametrick, um die Leute anzulocken, ansonsten sei sie wertlos, verursache sogar Kopfschmerzen. Wenn aber Einrichtung und Anwendung stimmen, dann ist diese Technik ein wunderbares Instrument. Die Gegenstände, die Körper und die Tiere treten viel plastischer hervor, und Blattstrukturen, ein seidig glänzendes Fell, das Kräuseln der Wellen – sie werden sinnlich fühlbar. Der Zuschauer ist eingeladen, den Regenwald mit seinen Sinnen zu entdecken.

Je näher man mit der 3D-Technik dem Objekt kommt, umso stärker ist der Eindruck der Weiträumigkeit, der Tiefe, der einer schönen perspektivischen Raumgestaltung. Je länger die Dreharbeiten dauerten, desto mehr gewöhnten sich die Affen an uns. Wir konnten unsere Objektive bis auf zwei Meter heranrücken, ein idealer Abstand, um eine Vollbildaufnahme von ihnen zu machen.

Wir suchten nicht nach oberflächlichen Effekten, aber es gibt doch sehr spektakuläre Szenen von diesem kleinen Kapuzineräffchen, völlig verloren in der unermesslichen Weite der Wildnis. Die 3D-Technik vermittelt den Eindruck, als sei man mittendrin im Geschehen: Angesichts der Höhe der Bäume, des majestätischen Charakters des Flusses und der Wucht eines Wasserfalls stellt sich ein Schwindelgefühl ein.

Die 3D-Technik ruft am Filmset kreativen Eifer hervor. Sicher ist die Aufstellung der Apparate schwerer als sonst, aber die Freude, eine neue Arbeitsweise mit einem anderen Blickwinkel und neuen Möglichkeiten zu erforschen, wurde von allen geteilt. Ragobert hat sichtlich Gefallen daran gefunden. Neues zu entdecken, hat etwas Zauberhaftes an sich.«

»DIE 3D-TECHNIK HEBT DIE UNGLAUBLICHE PRÄSENZ DES KLEINEN AFFEN INMITTEN DER UNERMESSLICHEN WEITE DER WILDNIS HERVOR.«

»AM ZWEITEN DREHTAG WAREN 80 PERSONEN 100 KILOMETER VOR DEM BASISLAGER BLOCKIERT. WILLKOMMEN IN AMAZONIEN!«

Es ist früher Morgen auf der Transamazonica nördlich von Manaus. Eine lange Lastwagenkolonne biegt in eine Lateritstraße in gutem Zustand ein. Wir halten in einer herrlichen Landschaft, um den Sonnenaufgang zu filmen. Als wir alles vorbereitet haben, setzt ein heftiger Regenschauer ein. Wir packen die Ausrüstung wieder ein. Aber die Straße ist zu einer Rutschbahn geworden. Wir können keinen Schritt mehr tun, geschweige denn mit den Lastwagen umkehren. 80 Personen sind 100 Kilometer vor ihrem Basislager vollkommen blockiert. Doch die brasilianischen Mitarbeiter haben uns die Strapazen erheblich erleichtert.

Unser Lieblingsaffe, der schmächtige Keixo, der zur Hauptfigur des Films wurde, ist ängstlich, aber von reizender Ungeschicklichkeit: Er kann nicht auf Bäume klettern und fällt immer hin. Er hat so große ausdrucksvolle Augen, dass wir alle schwach werden. Wenn er verstört ist, bedeckt er das Gesicht mit seinen großen Händen.

Für den Film suchten wir verzweifelt nach Schlangen. Eines Nachts bemerkte unser Tierpfleger Pascal Tréguy im Licht der Scheinwerfer eine große Schlange beim Überqueren der Straße in der Nähe des Lagers. Er packte sie am Schwanz, weil er glaubte, er hätte es mit einer ungiftigen Boa zu tun. Tatsächlich aber war es ein 2,80 Meter langer Südamerikanischer Buschmeister (*Lachesis muta*), eine der giftigsten Schlangen der Welt. Pascal ließ nicht los und wirbelte die Schlange herum, so dass sie ihn nicht beißen konnte. Schließlich gelang es meiner Frau Ana, einer Herpetologin, der Schlange eine Handtuch über den Kopf zu werfen und sie so zu fangen. Wir brachten sie in einem großen Käfig unter und wollten sie filmen. Bei unserem ersten Versuch kletterte sie unglaublich schnell das Gitter hoch und befand sich mitten unter dem Team. Eine totale Panik brach aus. Wir mussten auf das Filmen verzichten. Meine Frau hielt sie noch anderthalb Monate in ihrem Gehege und fütterte sie mit Ratten. Schließlich brachte sie die Schlange in ein Giftinformationszentrum. Als Ersatz bekamen wir Schlangen, die für uns interessant waren.«

PASCAL TRÉGUY

TIERPFLEGEMEISTER

Es heißt, er sei eine Art großer Kuschelbär. Als Tierpflegermeister ist er auf jeden Fall eine der wichtigen Stützen des Filmteams bei den Dreharbeiten, denn ohne Tiere keine Aufnahmen. Er reiste durch Brasilien und wählte 150 Kapuzineraffen aufgrund ihrer äußeren Gestalt und ihres Charakters für den Film aus. Knapp zehn Affen blieben schließlich übrig. Es waren junge Affen, die sehr früh ihre Eltern – vermutlich durch Wilderer – verloren hatten und nicht im Regenwald aufgewachsen waren, sondern in besonderen Zentren.

»ALS WIR SIE EINMAL ÜBERFORDERTEN, MACHTEN DIE AFFEN EINEN AUFSTAND.«

»Zunächst mussten wir sie angemessen unterbringen. Die Tiere kamen in ein großes Gehege von 50 Meter Seitenlänge, das in 15 Meter Höhe mit einem Netz bedeckt war. Ein Dutzend Tierpfleger wechselten sich Tag und Nacht mit der Betreuung ab. Eine Anpassungszeit von mehreren Monaten war nötig, um zu den Tieren ein Vertrauensverhältnis aufzubauen. Das hatte nichts mit Dressur zu tun, es ging eher um ein besseres Kennenlernen. Ich hatte schon vorher mit Kapuzineraffen gearbeitet und bewunderte ihre Intelligenz, ihre geistige Wendigkeit und ihren durchdringenden Blick, aber ich hatte noch nie mit einer Gruppe zu tun, mit der schwieriger umzugehen war.«

Er brauchte für seine Arbeit Geduld, Diplomatie und Raffinesse.

»Sie können die Person, die vor ihnen steht, sehr schnell einschätzen. Damit sie einem nicht über den Kopf wachsen, muss man schlauer sein als sie. Ich arbeite nie mit Zwang, es funktioniert einfach nicht, und vor der Kamera sieht man das auch. Eine Leckerei hier, ein Spielzeug da, und schon sind sie glücklich.« Die Kapuziner sind richtige Persönlichkeiten und überraschen damit immer wieder das Filmteam. »Eines Tages haben wir sie wahrscheinlich überfordert, da machten sie einen Aufstand und griffen mehrere Mitglieder des Teams an. Sie bewiesen Solidarität untereinander und haben uns gezwungen, sie zu respektieren.«

»SECHS TAGE UND SECHS NÄCHTE IN 40 METER HÖHE, UM EINE HARPYIE ZU FILMEN.«

JÉRÔME BOUVIER

CHEF DES KAMERATEAMS

Meine Aufgabe war es, eine ganze Anzahl noch fehlender Einstellungen für den Film zu drehen. Sie sollten überraschend und ungewöhnlich wirken. Anfangs dachte ich, das sei nicht machbar. Am zweiten Tag aber hielt ich mich an einem unglaublichen Ort auf, der aus dem *Dschungelbuch* stammen könnte. Die Natur ist mit dem überschwemmten Regenwald, dem Fluss, den Bambuswäldern, den trockenen oder felsigen Stellen neben einer üppigen Vegetation von einer reichen Vielfalt. Äußerst kompliziert zu filmen war die furchterregende Seite des dunklen Regenwaldes. Am interessantesten waren die Nahaufnahmen außergewöhnlicher und unheimlicher Tiere. Meistens habe ich gar nichts gesehen, aber glücklicherweise brachten unsere einheimischen Führer eine Menge Tiere vor die Kamera: Tausendfüßler, Skorpione, bizarre Käfer, herrliche Raupen mit langen Haaren in allen Farben, Schlangen, giftige Frösche, Blattinsekten, Treiberameisen, Spinnen.
Einmal lauerte ich die ganze Nacht an einer Quelle auf eine große Anaconda. Die Führer hatten sie entdeckt. Sich nachts im Revier dieser Schlange aufzuhalten, in dem auch der Jaguar lauert –, da kommt man schon ins Grübeln. Ich war in höchster Anspannung. Es war großartig.
Am schwierigsten war es, die Harpyie zu filmen. Es war gerade um die Zeit, da der Jungvogel flügge wurde. Wir mussten dem Nest gegenüber in einem 40 Meter hohen Baum eine Plattform einrichten. Marco, ein Spezialist für Industriekletterei, war mitten in der Arbeit, als er von Wespen angegriffen wurde und mehrere Stiche in den Kopf bekam. Völlig überstürzt musste er von Olivier, dem anderen Spezialisten, nach unten gebracht werden.
Auf der Plattform verbrachte ich sechs Tage und sechs Nächte, immer mit dem Wespennest über meinem Kopf. Aber ich wurde nur zwei- oder dreimal gestochen. Um 4.30 Uhr weckten mich die Brüllaffen. Ich wollte die Eltern bei ihrer Rückkehr von der Jagd filmen. Sie bleiben mehrere Tage weg und tauchen plötzlich aus dem Nirgendwo wieder auf.«

MARTIN BLUM

KAMERAASSISTENT

Mit den Filmen *Der Fuchs und das Mädchen*, *La jeune fille et les loups* und jetzt *Amazonia* hat Martin Blum eine große Erfahrung mit Tierfilmen: »Zwischen Thierry Ragobert und mir stellte sich ein großes Vertrauensverhältnis ein, denn es war das erste Mal, dass ein Regisseur mich in den Schneideraum bat. So konnte ich verstehen, was er wollte. Von einem Flugzeug aus haben wir beeindruckende Drehorte ausgesucht. Mehrere Tage sind wir mit einem Boot auf dem Rio Negro gefahren, um den überschwemmten Regenwald zu filmen, und die ganze Mannschaft hat auf dem Boot auch geschlafen. Dabei musste ich an die *Calypso* denken, das Boot von Jacques Cousteau, und an die Atmosphäre, die dort wohl geherrscht haben mag ... Wir konnten ein Faultier beim Schwimmen filmen und die rosa Flussdelfine, große und kräftige Tiere, bei denen man nie weiß, aus welcher Richtung sie kommen. Erst im letzten Moment sieht man sie auftauchen, denn das Wasser ist ziemlich schwarz. Die Dreharbeiten mit dem Jaguar, als wir uns alle in einem Käfig aufhielten, haben mir gut gefallen. Für einen kurzen Augenblick ging der Jaguar an einem Wasserfall vorüber, das Licht war wunderbar. Im Wasser preschte er los, ein zauberhafter Anblick.«

ÉRIC BOISTEAU

TONINGENIEUR

In Amazonien gibt es eine beeindruckende Geräuschkulisse. Es ist daher nicht einfach, bestimmte Vogellaute zu isolieren und aufzunehmen. Ich habe mit meinem Assistenten Florent Villereau fünf Mikrofone mit verschiedener Richtcharakteristik etwa 50 Meter entfernt aufgestellt, um die Klangatmosphäre unverfälscht aufnehmen zu können. Lange vor der Morgendämmerung wecken die Brüllaffen den Urwald auf, und die Vögel lösen sie dabei ab. Tagsüber ist es still, als wäre der Wald von der Hitze erschlagen, aber schon ab drei Uhr nachmittags fangen die Vögel von Neuem an. Amazonien ist die mediterrane Garrigue (offene mediterrane Strauchheidenformation), potenziert mit 100! Das stressigste Geräusch machen die Lastwagen auf der Transamazonica, die wir mit unseren hochsensiblen Geräten schon aus 50 Kilometern Entfernung hören. Das lauteste Geräusch ist der Schrei der Harpyie, das lustigste die Freudenschreie der Kapuzineraffen und das schauerlichste das dumpfe Knurren des Jaguars.«

»AMAZONIEN, DAS IST DIE MEDITERRANE GARRIGUE, POTENZIERT MIT 100!«

ENGAGEMENT FÜR DEN AMAZONAS-REGENWALD

Viele Menschen – Ökologen, Politiker, Aktivisten und Ureinwohner – setzen sich auf lokaler oder internationaler Ebene für den Erhalt des amazonischen Regenwaldes ein. Die folgenden Internetseiten sollen dazu anregen, sich zu informieren, zu engagieren, indigene Völker, Umweltprojekte und Kleinerzeuger zu unterstützen und die Schönheit biologischer Vielfalt zu genießen.

Bolsa Amazonia (www.bolsaamazonia.com.br): Dieses Programm unterstützt Kleinerzeuger im Inneren des Regenwaldes von Bolivien, Brasilien, Kolumbien, Ecuador und Venezuela bei der Entwicklung und Vermarktung ihrer Produkte und schließt bei Bedarf auch Partnerschaften mit passenden Firmen. Produkte sind Schokolade, Liköre, Kokosfasern, Latex, Fruchtpulpen, Bananenmehl, Schmuck, kunsthandwerkliche Gegenstände und Naturtextilien.

Movimento interestadual das Quebradeiras de coco babaçu (www.miqcb.org.br): 5000 Babaçunuss-Sammlerinnen haben den Verband gegründet, um ihre Produkte selbst zu vermarkten.

Fondation Roberto Marinho (www.frm.org.br/): Die Stiftung wurde vom Gründer der Globo-Organisationen, der größten Mediengruppe Südamerikas, ins Leben gerufen. Sie organisiert für Millionen von Brasilianern, die in abgelegenen Dörfern des Regenwaldes leben, Bildungs- und Umweltprogramme, die in Zusammenarbeit mit lokalen Aktivisten und indigenen Völkern ausgearbeitet wurden.

Natura (www.naturabrasil.fr): Das im Jahr 1969 gegründete Unternehmen ist die Nummer eins für Kosmetika. Es setzt sich für faire Beziehungen zu den traditionellen Völkern ein, mit denen es in ganz Lateinamerika zusammenarbeitet. Ziel ist die nachhaltige Nutzung der natürlichen Reichtümer des Regenwaldes. Dabei stützt sich das Unternehmen auf die Kenntnisse der einheimischen Bevölkerung. Die Gemeinde São Fransisco do Iratapuru im Bundesstaat Amapá betreibt den Anbau der Paranuss auf 806 000 Hektar Regenwald und produziert selbst das für die Herstellung von Kosmetika benötigte Öl.

Pur Projet (www.purprojet.com): Die auf Betreiben von Tristan Leconte gegründete Organisation unterstützt in Peru (Kooperative Acopagro) und in Brasilien (mit dem Volk der Kuntanawa im Bundesstaat Acre) gemeinschaftliche Projekte zur Wiederaufforstung entwaldeter Böden und zur Erhaltung und nachhaltigen Nutzung des Regenwaldes unter Anwendung von Techniken der Agroforstwirtschaft.

Oxfam America (www.oxfamamerica.or): Die Organisation kämpft gegen Armut und setzt sich unter anderem für eine gerechtere Bezahlung und bessere Lebensbedingungen von Millionen Frauen ein, die Kakao, Kaffee, Früchte und Nüsse ernten.

Greenpeace Brasil (www.greenpeace.org/brasil): Paolo Adario, der charismatische Mitbegründer der Organisation in Brasilien und Leiter der Amazonas-Kampagne von Greenpeace, hat mit seinem Team das Konzept einer »grünen Mauer« entwickelt, das sich gegen die fortschreitende Entwaldung richtet, und den Plan einer »Null Entwaldung«. Er handelte ein Moratorium beim Sojaanbau aus und schloss einen Vertrag mit Viehzüchtern. Im Jahr 2012 erhielt er den UN-Preis »Forest Hero«.

WWF Amazonien (http://guyana.www.de/tag/amazonien): Pandamazonie ist der Blog des **WWF Guyana** (World Wide Fund for Nature Guyane) und kümmert sich, wie der Name schon sagt, um ganz Amazonien. Die Organisation war an der Schaffung zahlreicher Naturschutzgebiete und Reservate beteiligt. Zusammen mit anderen NGOs kritisiert sie die Änderungen im Waldschutzgesetz, die zu einer Aufweichung der bisherigen Regelung zum Schutz der Naturreservate inmitten landwirtschaftlicher Großbetriebe führen.

Funai (www.funai.gov.br): Die Regierungsbehörde für indigene Angelegenheiten soll die Grenzen der indigenen Gebiete festsetzen, die Indios schützen, bei der Lebensführung unterstützen, ihre ärztliche Versorgung sicherstellen und für Bildungsmöglichkeiten sorgen. Eine von Sydney Possuelo gegründete Abteilung der Funai kümmert sich vorrangig um unkontaktierte Indiovölker, von denen einige bedroht sind.

Survival international (www.survivalinternational.org): Die Organisation setzt sich für indigene Völker ein, die weltweit 150 Millionen Menschen umfassen. In Amazonien bewirtschaften die Akuntsu ein kleines Waldgebiet, das von Sojafeldern und Rinderfarmen umgeben ist. Sie sind nur noch sechs Überlebende eines aussterbenden Volkes. Indigene Völker wie die Awa, Enawene Nawe und Guarani, die Indios von Raposa-Serra do Sol, die Yanomami und Zo'é in Brasilien, die Matsés in Peru, die Nukak in Kolumbien und die Ayoreo in Paraguay werden wie viele andere Stämme auch, darunter auch isolierte Völker, von dieser Organisation unterstützt.

Coordination des organisations indigènes du bassin de l'amazone (www.coica.org.ec): Die Koordinationsstelle der indigenen Organisationen des Amazonasgebietes kümmert sich um die Verbindung der indigenen Völker untereinander, setzt sich für ihre Besitzrechte ein, schützt ihre Kultur und Sprache und kämpft für ihre Selbstbestimmung.

Raoni Metuktire (http://raoni.com): Das ist die offizielle Website des Kayapó-Häuptlings. Im Jahr 1978 war er der Held im Dokumentarfilm *Raoni* des belgischen Filmemachers Jean-Pierre Dutilleux. Der Film wurde sogar für den Oscar nominiert. Unterstützt durch den Popstar Sting, machte Raoni die ganze Welt auf die Problematik der indigenen Völker aufmerksam und erhielt 1993 mit der Zuweisung von Gebieten am Xingu-Fluss im Mato Grosso das größte Indianerreservat der Welt. Staatsmänner empfangen ihn, der noch mit 83 Jahren engagiert kämpft, hauptsächlich gegen den Bau des Staudamms Belo Monte an dem Fluss, an dem er geboren wurde.

Dieser Südliche Tamandu *(Tamandua tetradactyla)*, ein kleiner Ameisenbär, ist dem Waldbrand zwar entkommen, aber zu welchem Preis? Er ist durch die Hitze erblindet, und sein Fell ist versengt.

GLOSSAR

Angelim *(Hymenolobium spp.)*: Mit 50 bis 60 Meter Höhe einer der größten Bäume im tropischen Regenwald.

Azara-Nachtaffe *(Aotus azarae)*: Auch »Eulenaffe« genannt, der einzige ausschließlich nachtaktive Affe im amazonischen Regenwald.

Balz: Besonderes Verhalten eines Tieres, um einen Sexualpartner anzulocken.

Bestäuber: Ein Insekt, ein Vogel oder ein anderes Tier, das unabsichtlich eine Pflanze bestäubt, indem es die Pollen von einer Blume zur anderen trägt.

Beuteltier: Das Weibchen dieser Säugetiere hat einen Beutel, in dem die als Embryo geborenen Jungen ihr Wachstum fortsetzen.

Bromelien: Sie gehören zu den monokarpen tropischen Pflanzen, das sind Pflanzen, die nur einmal in ihrem Leben blühen. Sie wachsen meistens nicht am Boden, sondern auf den Bäumen.

Caboclo: Mischling aus Europäer und Indios. Die Caboclos stellen den größten Teil der Bevölkerung in Amazonien.

Cuandu: *(Coendu prehensilis)* Ein auf Bäumen lebendes Nagetier mit Greifschwanz und zweifarbigen Stacheln.

Cutia: Name des Aguti *(Agouti paca)* in Brasilien.

Dendrotelme (auch Phytotelme): Ein im Allgemeinen nur zeitweise benutztes Wasserhabitat in Form einer mit Regenwasser gefüllten Höhlung eines Baumes oder eines Epiphyten.

Endemisch: Eine Tier- oder Pflanzenart ist endemisch, wenn sie nur an einem bestimmten Ort vorzufinden ist.

Epiphyt: Eine Pflanze, die in der Regel auf einem Baum wächst, ohne Parasit seines Wirts zu sein.

Evapotranspiration: Die Verdunstung von Wasser vom Erdboden aus (Evaporation) und die Wasserdampfabgabe der Blätter (Transpiration).

Fazenda: Großbetrieb für Landwirtschaft oder Viehzucht.

Fossil: Ein lebendes Fossil ist ein Lebewesen, das seine Gestalt im Verlauf der Evolution kaum verändert hat und deshalb seinen urzeitlichen Vorfahren ähnlich sieht.

Fulgora: Gattung der Spitzkopfzikaden, die zur Familie der Wanzen zählen. Sie haben einen im Kopfbereich sitzenden Saugrüssel. Die Indios nennen sie »Erdnusskopf« oder »Alligatorinsekt«.

Garimpeiro: Goldsucher in Brasilien, der – legal oder illegal – in traditioneller handwerklicher Weise Gold schürft.

Gattung: In der biologischen Klassifizierung der Lebewesen bilden alle Arten eine Gattung und alle Gattungen eine Familie.

Gespenstschrecke: Pflanzenfressendes Insekt, das perfekt die Form eines Blattes, Zweiges oder einer Flechte nachahmen kann, um Raubtiere zu täuschen.

Greiffähigkeit: Die Fähigkeit, mit der Hand oder einem Schwanz nach einer Beute, einer Frucht oder irgendeinem Gegenstand zu langen und festzuhalten.

Igapó: Tiefer gelegenes Gebiet des tropischen Überschwemmungswaldes, das nach Rückgang des Hochwassers sumpfig bleibt.

Igarapé: Natürlicher, enger und flacher Nebenfluss im Amazonasbecken.

Jacaré: Brasilianische Bezeichnung für den Kaiman, das südamerikanische Krokodil.

Keratin: Faserprotein, das im Schnabel, in den Hörnern, den Nägeln, den Hufen und den Haaren von Tieren und Menschen vorkommt.

Kinkajou: *(Potos flavus)* Der Kinkajou oder Wickelbär konnte lange Zeit nicht biologisch klassifiziert werden, weil er auf Bäumen lebt, nachtaktiv ist und manchmal mit dem Azara-Nachtaffen verwechselt wird. Er lebt gern gesellig und ist das einzige fleischfressende Tier mit einem Greifschwanz.

Kompost: Produkt des Abbaus von organischem Material; er wird als Dünger verwendet.

Kongo (proto): Protos, griechisch, heißt »der Erste«; der erste Kongo, wie er vor der Trennung von Afrika und Amerika bestand.

Kotinga: *(Cotinga spp.)* Im tropischen Amerika eine bedeutende Familie der Sperlingsvögel mit farbigem Gefieder.

Kronendach: Der obere Teil der Bäume mit ihren Wipfeln bildet im Regenwald ein Ökosystem, das extrem starker Sonneneinstrahlung ausgesetzt ist.

Kropf: Erweiterung der Speiseröhre bei Vögeln zur Speicherung von Nahrung, die hier vorverdaut wird, bevor sie in den Magen kommt.

Liane: Diese Pflanze klammert sich vorwiegend an Bäume, umschlingt sie und benützt sie so als Stütze, um möglichst schnell nach oben an das Sonnenlicht zu kommen, ohne einen Stamm ausbilden zu müssen.
Mandibula: Unterkiefer bei den Wirbeltieren, Mundwerkzeug bei den Insekten.
Nährstoffe: Alle für die Lebenserhaltung notwendigen Stoffe (Kohlenstoff, Stickstoff, Schwefel, Phosphor), die von Mikroorganismen für die Lebewesen nutzbar gemacht werden.
Nektar: Zuckerhaltige Flüssigkeit, die Pflanzen ausscheiden, um Insekten oder Vögel anzulocken.
Ökologische Nische: Ein ganz bestimmter Bereich, der von einer Art als Lebensraum besetzt wird.
Ökosystem: Lebensgemeinschaft von Tieren und Pflanzen in einer bestimmten Umgebung.
Pangäa: Superkontinent, der vor 200 Millionen Jahre alle Kontinente vereinte.
Passatwind: Beständiger von Ost nach West wehender Wind der innertropischen Regionen.
Ribeirinho: Brasilianische Flussanrainer insbesondere im Amazonasbecken mit traditioneller Lebensweise.
Rosetten: Rosenähnliche, der Tarnung dienende Flecken auf dem Fell mancher Raubkatzen wie beispielsweise dem Gepard und Leopard, dem Jaguar und Ozelot.
Saki *(Chiropotes spp.)*: Endemischer Affe im brasilianischen Regenwald.
Seringueiro: Kautschukzapfer in Amazonien.
Spore: Griechisch »Samen«; Zelle oder Organ der Vermehrung bei Pflanzen, Algen und Pilzen.
Symbiose: Enge Verbindung zweier Arten zu gegenseitigem Nutzen.
Taktgefühl der Bäume: Einhaltung eines Abstands zwischen den nebeneinander stehenden Bäumen des Kronendachs. Wahrscheinlich vermeiden sie dadurch die Übertragung von Krankheiten oder die Besiedelung durch Insektenschädlinge.
Tarantel: Der Name geht auf die Spinnen in der Gegend der italienischen Stadt Tarent zurück. Ihr Gift rief einen lethargischen Zustand des Opfers hervor, aus dem es sich nur befreien konnte, wenn es die Tarantella tanzte. Die genauere Bezeichnung ist Echte Webspinne.
Tropisches Regenwaldgebiet: Andere Bezeichnungen für »Regen« sind »ombrophil« oder »pluvial«. Dieses Gebiet liegt in der intertropischen Zone und besteht aus immergrünen Bäumen, die keine Trockenheit vertragen.
Überständer: Baumriesen, die noch das Kronendach mit ihren schirmförmigen oberen Ästen überragen.
Ultraviolettes Licht: Dieses Sonnenlicht ist für das bloße Auge nicht sichtbar, hat aber durchaus Folgen, etwa unsere sonnengebräunte Haut.
Várzea: Periodisch überflutete Flächen im Amazonasbecken.
Waldstreu: Bodenbedeckung aus Laub, verfaulenden Pflanzenresten und Tierexkrementen.
Wirbellose: Tiere ohne Wirbelsäule (Insekten, Krebstiere, Mollusken).
Zygodaktylie: Ein Vogelfuß, bei dem die erste und vierte Zehe nach hinten und die zweite und dritte Zehe nach vorne zeigen.

REGISTER

FAUNA

FLORA

BIBLIOGRAFIE

Alcântara, Araquém, Amazônia, Terra Brazil, 2006.

–, Fauna e flora brasileiras, BeD Editora, 2008.

–, Terra Brazil, Editora DBA, 1998.

Aubertin, Catherine / Moretti, Christian: »15. Politiques et dynamiques forestières; forêt et biodiversité; des réservoirs de molécules miracles?«, in: Fontaine, Catherine / Michon, Geneviève / Moizo, Bernard (Hgg.), Des forêts et des hommes, Themenheft des Französischen Forschungsinstituts für Entwicklung (IRD), Marseille 2011.

Buclet, Benjamin, »Les réseaux d'ONG et la gouvernance en Amazonie«, in: Autrepart, Nr. 37, EHESS (Januar 2006).

Carmouze, Jean-Pierre / Lucotte, Marc / Boudou Alain, Le mercure en Amazonie, rôle de l'homme et de l'environnement, risques sanitaires, IRD Éditions, 2001.

Carss, David, »Foraging behaviour and feeding ecology of the otter *Lutra lutra*: a selective review«, in: Hystrix, The Italian Journal of Mammalogy 7, Nr. 1–2, 1995.

Césard, Nicolas, »Supplices d'insectes en Amazonie indigène«, in: Insectes 6, Nr. 136, 2005.

Cintra, Renato, História natural, ecologia e conservação de algumas espécies de plantas e animais da Amazônia, INPA, 2004.

»Community forest management: a sustainable alternative for the Maues state forest, Amazonas«, Internationale Organisation für tropisches Holz, PD 454 / 2007.

Collins, Mark, Die letzten Regenwälder, Ostfildern 1990.

Connor, Steve, »Mystery of the toucan's beak solved«, in: The Independant, 24. Juli 2009.

Domit, Myrna / Muse, Toby, »Fishermen in amazon see a rival in dolphins«, in: The New York Times, 17. April 2011.

»Engineers discover why toucan beaks are models of lightweight strength«, UCSD Jacobs, School of Engineering, 30. November 2005.

Gheerbrant, Alain, L'Amazone, un géant blessé, Gallimard, 1988.

»Global warming: Brazil acts now to protect the Amazon forest from droughts, storms and fire«, Bericht der Weltbank, 15. Februar 2013.

Hayes, Floyd E. / Sewlal, Jo-Anne N., »The Amazon river as a dispersal barrier to passerine birds: effects of river width, habitat and taxonomy«, in: Journal of Biogeography 31, Nr. 11 (November 2004), S. 1809–1818.

Leeuwen, Johannes van, »Desenvolvendo opções agroflorestai«, Nationales Amazonasforschungsinstitut (INPA), 1996–1999 und 2000–2003.

Lindsey, Rebecca, »Introduction to the Large-scale Biosphere-Atmosphere Experiment in Amazonia«, in: NASA's Earth Science data Centers, 31. Dezember 2002.

London, Mark / Kelly Brian, A última floresta, a Amazôniana era da globalização, Martins Fontes, 2007.

Martins, Marcio / Oliveira M. Ermelinda, »Natural history of snakes in forests in the Manaus region, central Amazonia, Brazil«, in: Herpetological Natural History 6, Nr. 2, 1998, S. 78–150.

Motte-Florac, Élisabeth / Thomas, Jacqueline M. C.(Hgg.), Les »insectes« dans la tradition orale/»Insects« in oral literature and traditions, Leuven Paris Dudley, 2003.

»O futuro da Amazônia«, in: National Geographic Brasil, Nr. 10, Sonderheft, 2011.

Pavé, Alain / Fornet, Gaëlle, Amazonie, une aventure scientifique et humaine du CNRS, Galaade Éditions, 2010.

Piza, Daniel, Amazônia de Euclides, viagem de volta a um paraíso perdido, Leya, 2010.

Posey, Darrell, »Forest islands, Kayapo example«, in: Elevitch C. R, Wilkinson K. M. (Hgg.), The Overstorey book. Cultivating Connections with Trees, Holualoa 1982, S. 14–20.

Remsen, J. V. / Parker, Theodore A., »Contribution of river-created habitats to bird species richness in Amazonia«, in: Biotropica 15 (September 1983), S. 223–231.

Richard-Hansen, Cécile / Le Guen, Roger, Guyane ou le voyage écologique, Éditions Roger Le Guen, 2002.

Saatchi, Sassan / Asefi-Najafabady, Salvi / Malhi, Yadvinder / Aragão, Luiz E. O. C. / Anderson, Liana O. / Myneni, Ranga B. / Nemani, Ramakrishna, »Persistent effects of a severe drought on Amazonian forest canopy«, in: Proceedings of the National Academy of Sciences 110, Nr. 2, 2013, S. 565–570.

Stührenberg, Michael, »Un barrage appelé monstre«, in: Geo (frz.), Nr. 408 (Februar 2013), S. 52–63.

Tuquoi, Jean-Pierre, »L'acaï, fruit de la mondialisation«, in: Le Monde, 5. März 2009.

»Turn down the heat, why a 4°C warmer world must be avoided«, vom Potsdamer Institut für Klimafolgenforschung und von Climate Analytics in Berlin erstellter Report für die Weltbank (November 2012).

Uztarroz, Ricardo, Amazonie mangeuse d'hommes, Arthaud, 2008.

Wallace, Scott, »Rain Forest for Sale«, in: National Geographic 125, Nr. 1 (Januar 2013).

Woodward, D. E. / Murray J. D., »On the effect of temperature-dependent sex determination on sex ratio and survivorship in crocodilians«, in: Proceedings of the Royal Society of London, Biological Sciences, Nr. 252 (2. Mai 1993), S. 149–155.

INTERNETSEITEN

www.amazoe.org.br Website der Zo'é-Indios im Bundesstaat Pará.

www.ibama.gov.br Brasilianisches Institut für Umwelt und erneuerbare Ressourcen, eine Behörde für den Umweltschutz.

www.iea.usp.br/revista Zeitschrift Estudos Avançados, veröffentlicht vom Instituto de Estudos Avançados der Universität von São Paulo. Eine Fülle von Informationen über die brasilianische Gesellschaft.

www.inpa.gov.br Nationales Amazonasforschungsinstitut (INPA).

www.inpe.br/ingles Brasilianische Weltraumbehörde (Instituto Nacional de Pesquisas Espaciais); überwacht den amazonischen Regenwald.

www.obt.inpe.br/prodes/index.php Das INPE und das Nationale Amazonasforschungsinstitut veröffentlichen jährlich eine Einschätzung des Umfangs der gerodeten Flächen.

www.sipam.gov.br SIPAM (Sistema de Proteção da Amazônia) ist eine Einrichtung zum Schutz von Amazonien unter Leitung der Armee.

DANK

Unser Dank geht an

Henrique Pereira, Centro de Ciências do Ambiente, Campus Universitario Manaus, für seine geduldigen Antworten auf alle unsere Fragen und für seine klugen Empfehlungen;

Rita Mesquita, INPA (Nationales Amazonasforschungsinstitut), für ihr Gesamtbild der Situation von Amazonien;

Vera da Silva, INPA, für ihre Kenntnisse der Meeressäugetiere;

Mário Lúcio da Silva Reis, Direktor von Ibama in Manaus (Brasilianisches Institut für Umwelt und erneuerbar Ressourcen), für seine Ausführungen über den Kampf gegen die Entwaldung;

Natália Aparecida Souza Lima, Leiterin der Abteilung Fauna im Ibama für ihre Unterstützung;

Diogo Lagroteria, Umweltanalytiker am Ibama und Tierarzt, für seine Informationen über die Fauna Amazoniens;

Sandro »Cabeson« Gama Pedroso, erprobter Kämpfer für Amazonien, der uns ein sicherer Führer am Rio Negro war;

Silvino »Jacaréjinho« Santos, für seine wunderbaren Erzählungen während der Flussfahrt und für die Geschichten von seinen Jacarés;

Laurent Suaudeau, Schule für Kochkunst in São Paulo, der uns mit der Geschmacksvielfalt Amazoniens bekannt gemacht hat;

Janaina Suaudeau, für ihre hervorragende Hilfe als Dolmetscherin;

Araquém Alcântara, für seine Bilder natürlich, aber auch für seine zuversichtliche Begeisterung, mit der er dieses Buch begleitet hat, und für seine Führung, geprägt von seiner reichen 40-jährigen Erfahrung mit Amazonien.

BILDNACHWEIS

Alle in diesem Band veröffentlichten Fotos stammen von Araquèm ALCÂNTARA
© Araquém Alcântara
www.araquem.com.br
araquem@araquem.com.br

mit Ausnahme der Stehbilder aus dem Film
Amazonia von Thierry Ragobert:
Seiten 22, 71, 73, 94, 100, 110, 196, 197, 198 und 199 oben
© BILOBA Films / Gullane / France 2 / Le Pacte

Die Fotos vom Making of auf den Seiten 202 à 225 stammen von
Florent Cocatre, Christophe Pottier, Jeanne Guillot, Sylvain Bardoux, Olivier Jaudouin

Die 3D-Bilder auf den Seiten 196 bis 199 wurden von Jean-Marc Leprêtre aufbereitet.

Die Karte zeichnete Alexandre Nicolas.

AMAZONIA

EIN FILM VON THIERRY RAGOBERT

Eine Produktion von BILOBA Films und GULLANE
in Zusammearbeit mit FRANCE 2 CINEMA, LE PACTE, GEDEON Programmes, IMOVISION
unter Beteiligung von CANAL +, RIOFILME, TELECINE

Mit freundlicher Unterstützung von
CNC – Nouvelles Technologies en productions, Programme Media de l'Union Européenne
PROCIREP-ANGOA
ANCINE/Ministério da Cultura, Fundo Setorial do Audiovisual, FINEP/Ministério da Ciência,
Tecnologia e Inovação, NATURA, TETRA PAK

Produzenten: Stéphane MILLIERE, Laurent BAUJARD, Fabiano GULLANE, Caio GULLANE, Debora IVANOV, Gabriel LACERDA.
unter Beteiligung von Lucia SEABRA, Suzana VILLAS BOAS, Thierry PERONNE,
Pablo TORECILLAS, Jean LABADIE, Anne Laure LABADIE.
Idee: Stéphane MILLIERE et Luc MARESCOT
Szenario: Johanne BERNARD, Luiz BOLOGNESI, Louis-Paul DESANGES, Luc MARESCOT, Thierry RAGOBERT,

Künstlerische Beratung: Araquem ALCANTARA
Kamera: Manuel TERAN, Gustavo HADBA,
Stereographie: Jeanne GUILLOT
Ton: Eric BOISTEAU, Miqueias MOTTA, Francis WARGNIER, Olivier GOINARD
Schnitt: Nadine VERDIER,
Musik: Bruno COULAIS

Caracas
VENEZUELA
Georgetown
GUYANA
Paramaribo
SURINAME
Guyana (Fr.)
Bogotá
Roraima
KOLUMBIEN
Rio Negro
Amapá
Quito
ECUADOR
Manaus
Amazonas
Santarém
Belém
PERU
AMAZONIEN
Maranhão
Amazonas
Pará
Acre
Rio Xingu
Rondônia
Mato Grosso
Tocantins
Lima
BRASILIEN
BOLIVIEN
Brasilia
La Paz
PAZIFISCHER
OZEAN
Rio de Janeiro
São Paulo